FEISHUI CHULI SHEBEI
YUANLI YU SHEJI

废水处理设备原理与设计

主　编　金建祥

副主编　金震宇 单学凯 张　波

江苏大学出版社
JIANGSU UNIVERSITY PRESS
镇江

内容提要

本书着重介绍了废水污染治理工艺相关设备的结构、原理、设计等,尽可能结合国内外先进的废水处理工艺,给出设备特点、适用范围、设计参数、运行原理等,并结合实际提供了部分实例。全书图文并茂、文字通俗易懂,在兼顾实用性的同时尽可能准确地体现废水污染治理领域的先进设备和发展趋势。

本书可作为高等院校环保设备工程、环境工程、环境科学与工程等专业的教学用书,也可供从事环保设备设计制造、环境工程设计、环境工程建设管理等环保产业相关技术人员参考。

图书在版编目(CIP)数据

废水处理设备原理与设计 / 金建祥主编. — 镇江:
江苏大学出版社,2024.1
ISBN 978-7-5684-2169-0

Ⅰ. ①废… Ⅱ. ①金… Ⅲ. ①污水处理设备 Ⅳ.
①X703.3

中国国家版本馆 CIP 数据核字(2024)第 020243 号

废水处理设备原理与设计
Feishui Chuli Shebei Yuanli Yu Sheji

主　　编/金建祥
责任编辑/王　晶
出版发行/江苏大学出版社
地　　址/江苏省镇江市京口区学府路 301 号(邮编:212013)
电　　话/0511-84446464(传真)
网　　址/http:press.ujs.edu.cn
排　　版/镇江市江东印刷有限责任公司
印　　刷/江苏凤凰数码印务有限公司
开　　本/787 mm×1 092 mm　1/16
印　　张/14
字　　数/323 千字
版　　次/2024 年 1 月第 1 版
印　　次/2024 年 1 月第 1 次印刷
书　　号/ISBN 978-7-5684-2169-0
定　　价/58.00 元

如有印装质量问题请与本社营销部联系(电话:0511-84440882)

前　言

从 20 世纪 70 年代开始,随着我国环境保护事业的发展,环保产业应运而生,并不断发展。环保设备是环境污染治理工程的核心之一,是环境污染治理工程重要的物质技术基础和运行保障,是环保产业的重要组成部分。根据 2012 年 9 月教育部发布的《普通高等学校本科专业目录(2012 年)》,环境科学与工程类下设"环保设备工程"特色专业(082505T),表明了环保设备在环境污染治理工程中的重要作用和在专业中的重要地位,环保设备课程也成为本科院校环保设备工程、环境工程、环境科学与工程类专业及其他相关专业的一门重要专业课程。

环保设备工程是近十几年派生出的新的专业,近年来国内陆续出版了一些关于环保设备的教材和著作。环保设备包括水污染治理设备、大气污染治理设备、噪声污染治理设备、固废处理与资源化利用设备、环境监测设备等多种类型,废水处理设备属于水污染治理设备范畴。编者在总结多年废水处理设备教学和科研经验的基础上组织编写了这本产教融合型教材——《废水处理设备原理与设计》,在编写过程中力求做到优选和精简内容。

本书为盐城工学院立项资助教材,全书由盐城工学院金建祥主编和统稿。江苏大学张波、西安交通大学金震宇、江苏科易达环保科技股份有限公司单学凯等参与编写。盐城工学院刘本志,江苏科易达环保科技股份有限公司杨林、周飞等高级工程师,以及江苏恒誉环保科技有限公司生其龙、张健金等,对本书的立项、编写和出版过程给予帮助,在此对他们一并表示感谢。

本书在编写过程中力求准确无误,但由于编者水平有限,书中难免有不足之处,敬请读者批评指正。

编者

2023 年 12 月

目　录

第一章　绪论

第一节　水污染治理方法概述

水污染治理的目的就是用各种处理方法将生活污水和工业生产废水中所含的污染物分离出来,或将其转化为无害物质,从而使水质得以净化。按污染物作用原理可将治理方法分为不溶态污染物的分离技术(物理法)、污染物的化学转换技术(化学法)、溶解态污染物的物理化学转换技术(物理化学法)、污染物的生物化学转换技术(生物化学法)等四大类。按照水质净化要求,污水处理技术可分为一级处理、二级处理和三级处理。

一、一级处理

在发展的早期,人们就认识到有机污染物对环境生态的危害,从而把五日生化需氧量(BOD_5,用微生物代谢作用所消耗的溶解氧量来间接表示水被有机物污染程度的一个重要指标,有时也代指"水中可生物降解的有机物")和悬浮固体(SS)的去除作为废水处理的主要水质目标。一级处理有时也叫物理处理或机械处理,常用的方法有筛滤法、重力沉降法、浮力上浮法、预曝气法等。废水经过一级处理后,虽然能去除50%~60%的SS、20%~30%的BOD_5,但一般不能去除废水中呈溶解状态和胶体状态的有机物、氯化物和硫化物等有毒物质,所以还未达到相应的排放标准。

二、二级处理

二级处理是在一级处理的基础上再进行处理,主要去除废水中的大量有机物,使废水进一步净化的工艺过程。相当长时间以来,人们把生物化学处理作为废水二级处理的主体工艺。直到20世纪60~70年代,随着二级生物处理技术的普及,人们才发现仅去除BOD_5和SS还不够。氨氮的存在会造成水体黑臭或溶解氧浓度过低,这一问题的出现使二级生物处理技术从单纯去除有机物发展到联合去除有机物和氨氮,即废水的硝化处理。到了70~80年代,由于水质富营养化问题日益严重,去除废水中氮、磷的实际需要使得二级生物处理技术进入了具有脱氮除磷功能的深度二级生物处理阶段。

近年来,国内外正在研究以化学处理或物理化学处理方法为二级处理方法的主体工艺,预计这些方法将随着化学药剂品种的不断增加、处理设备和工艺的不断改进而得到推广。二级处理可以去除废水中大量 BOD₅ 和 SS,在较大程度上净化了废水,出水虽可以排放,但可能还含有一定浓度的氮、磷氧化物,重金属或难降解的有机物。处理效果介于一级处理和二级处理之间的处理方法一般称为强化一级处理、一级半处理或不完全二级处理,主要有高负荷生物处理法和化学法两大类,BOD₅ 去除率为 45%~75%。

三、三级处理

采用物理、化学方法对传统二级生物处理出水进行脱氮除磷及去除有毒、有害有机化合物的处理过程通常被称为三级处理或深度处理,例如化学除磷、絮凝过滤、活性炭吸附等。

三级处理是深度处理的同义词,但二者又不完全一致。三级处理的目的是进一步去除二级处理未能去除的污染物,其中包括微生物及未能降解的有机物或磷、氮等可溶性无机物。完善的三级处理由混凝、过滤、消毒等单元构成,主要用来实现除磷、脱氮、去除重金属、去除有机物(主要是难以生物降解的有机物)、去除病毒和病原菌、去除细小悬浮物;根据三级处理出水的具体去向,其处理流程和组成单元可以不同。深度处理则往往以废水回用为目的,在二级处理后增设处理单元或系统。

图 1-1 为城镇废水处理的典型工艺流程图,图中包括典型的一级处理、二级处理和三级处理的工艺流程。

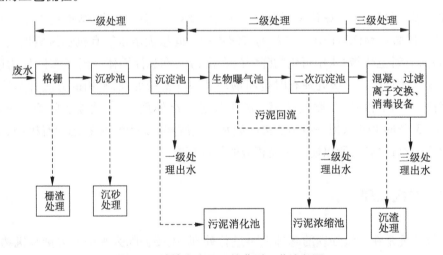

图 1-1　城镇废水处理的典型工艺流程图

第二节　水污染治理设备的分类

由于水污染状况复杂,情况各异,处理工艺、方法多种多样,而废水处理设备与处理工艺和方法相适应,因此废水处理设备品种繁多。

一、按照设备的成套性分类

（一）单元处理设备

目前,常用的处理工业废水和城市污水的基本方法有 20 多种,与这些基本方法相对应的处理装置称为单元处理设备。

1. 物理法处理装置

（1）沉淀装置

按水流方向可分为平流式沉淀装置、竖流式沉淀装置和斜流式沉淀装置。

（2）上浮分离装置

按不同场合可分为粗粒化装置、油水分离装置、斜管(板)隔油装置和海洋隔油装置。

（3）气浮分离装置

按产气方式不同可分为溶气气浮装置、分散空气气浮装置和电解气浮装置。

（4）过滤装置

按过滤介质可分为筛滤装置、滤料过滤装置、微孔过滤装置和真空过滤装置。

（5）污泥压滤和吸滤装置

按不同使用要求可分为滚筒挤压污泥脱水装置,板框式、箱式、拆带式转鼓压滤装置,以及真空吸滤脱水装置。

（6）蒸发装置

按蒸发形式可分为自然循环蒸发装置、强制循环蒸发装置、扩容循环蒸发装置和闪激蒸发装置。

（7）磁分离装置

用于去除磁性污物和用沉淀法难以分离的细小悬浮物与胶体,可分为永磁分离装置、电磁分离装置和磁化分离装置。

（8）离心分离装置

可分为水力旋流分离装置、转鼓形离心分离装置和卧螺式离心分离装置。

2. 化学法处理装置

（1）酸碱中和处理装置

可分为中和槽、膨胀式中和塔、中和滚筒和悬浮曝气中和塔。

（2）氧化还原装置

可分为电解氧化还原装置、药剂氧化还原装置、光氧化装置和湿式氧化装置。

（3）消毒装置

可分为臭氧发生装置、加氯装置、次氯酸钠发生装置和二氧化氯发生装置。

3. 物理化学法处理装置

（1）混凝凝聚装置

可分为机械反应和水力反应混凝装置、管道混合装置、电凝聚装置。

（2）吸附装置

可分为活性炭吸附装置、大孔树脂吸附装置、硅藻土吸附装置、分子筛吸附装置和沸石吸附装置。

（3）离子交换装置

可分为固定床离子交换装置、移动床离子交换装置和流动床离子交换装置，用于处理含重金属离子和放射性元素的废水。

（4）膜分离装置

可分为超滤装置、电渗析装置、扩散渗析装置、微滤装置和反渗透装置。

4. 生物法处理装置

（1）好氧处理装置

可分为氧化沟用设备、鼓风曝气活性污泥处理装置、机械表面曝气活性污泥处理装置、AB 法吸附生物氧化处理装置、深层曝气装置、序批式活性污泥（SBR）处理装置、生物接触氧化装置、间歇循环延时曝气处理装置、生物转盘装置。

（2）供氧曝气装置

可分为机械表面曝气装置、鼓风曝气装置、射流曝气装置和纯氧曝气装置。

（3）厌氧处理装置

可分为上流式污泥床厌氧发生装置、厌氧生物滤塔装置、厌氧生物转盘装置、两相式厌氧发生装置、污泥消化装置、厌氧膨胀床反应装置和厌氧流化床反应装置等。

（4）厌氧-好氧处理装置

可分为厌氧-好氧活性污泥处理装置、缺氧-好氧活性污泥处理装置、厌氧-缺氧-好氧活性污泥处理装置。

（二）组合处理设备

组合处理设备又称一体化处理设备，是近年来发展较快的一种新设备，可全面地提高技术性能。这类设备是将两种或两种以上的处理工艺方法有机地组合在一起形成的成套设备，也称作专用设备。组合处理设备具有综合处理的优势，可用于治理某类废水，如小型生活污水处理装置、含油废水处理装置、纺织印染废水处理装置和电镀废水处理装置等。这类设备按处理对象不同可分为高浊度废水处理装置、无机废水处理装置、有机废水处理装置和生活污水处理装置等四类。

1. 高浊度废水处理装置

用于处理含固体悬浮颗粒多的工业废水（如铸造、磨料、石料加工、湿式除尘器等行业的工业废水），以去除 SS 为主，一般采用絮凝沉淀工艺方法处理。主要产品有高浊度废水处理组合成套设备和铸造废水处理设备。

2. 无机废水处理装置

用于处理各行业的无机废水,以去除无机物、重金属为主。主要产品有无机废水组合成套设备和电镀废水处理设备等。

3. 有机废水处理装置

用于处理各行业的有机废水,以去除 BOD_5 为主。主要产品有含油废水处理设备和有机废水处理组合成套设备等。含油废水处理设备品种较多,废水中油珠的大小不同,采用的处理方法也不同。含油废水处理设备以油水分离器为主,依靠重力分离和粗粒化的方法进行油水分离。

4. 生活污水处理装置

生活污水处理装置分为小型生活污水处理组合成套设备、医院污水处理设备、游泳池水净化设备、船用生活污水处理组合成套设备。小型生活污水处理组合成套设备占地面积小,可放在地下,污水处理后可直接回用,节约用水。

二、按照设备的用途分类

水污染治理装置按照用途可分为专用机械设备和通用机械设备两类。

(一)专用机械设备

1. 拦泥设备

可分为固定式格栅除污机、弧形格栅除污机、高链式格栅除污机、旋转滤网过滤机、全回转格栅除污机。

2. 沉砂池刮泥、吸泥设备

可分为平流式行车泵吸式、平流式行车虹吸式吸泥机,平流链条式、轴流式中心驱动、轴流式周边驱动刮泥机,以及轴流式重架、虹吸、悬挂式刮/吸泥机。

3. 撇油、排砂设备

可分为中心驱动刮沫机、双边驱动刮沫机、链条式撇油刮渣机、泵吸排砂机、链传动刮砂机、中心驱动机械刮砂机。

4. 曝气搅拌设备

可分为浮筒式曝气增氧机、立式表面曝气机、转刷曝气机、带罐式搅拌机、双桨式搅拌机、加速澄清机械搅拌机、螺旋桨式搅拌机。

5. 污泥浓缩、脱水设备

可分为浓缩池刮泥机、带式压榨脱水机、螺旋离心脱水机。

6. 沼气利用、加药、消毒设备

可分为沼气发电机设备、沼气锅炉设备、余热锅炉设备、沼气净化脱硫设备、加氯设备、次氯酸钠发生设备。

（二）通用机械设备

1. 水处理用水泵

主要有单级单吸离心泵、单级双吸离心泵、低扬程大流量污水泵、耐腐蚀的深井泵、污泥泵、潜水泵。

2. 水处理用风机

主要有罗茨鼓风机和离心鼓风机。

3. 水处理用阀门

主要有蝶阀、闸阀、止回阀及电动装置。

三、环境保护设备分类与命名

《环境保护设备分类与命名》（HJ/T 11—1996）中规定，环境保护设备（简称"环保设备"）可以按类别、亚类别、组别和型别四个层次进行分类。

① 类别：按所控制的污染对象分类，环保设备可以分为水污染治理设备、空气污染治理设备、固体废弃物处理处置设备、噪声与振动控制设备、放射性与电磁波污染防护设备等 5 个类别。

② 亚类别：在类别划分的基础上，进一步按照环保设备的原理和用途进行分类。例如，水污染治理设备可分为物理法处理设备、化学法处理设备、物理化学法处理设备、生物法处理设备、组合式水处理设备等。

③ 组别：按照环保设备的功能原理划分。例如，水污染治理设备中的物理法处理设备可进一步划分为沉淀装置、气浮分离装置、离心分离装置、磁分离装置、筛滤装置、过滤装置等。

④ 型别：按照环保设备的结构特征和工作方式划分。例如，气浮分离装置还可划分为溶气气浮装置、真空气浮装置、分散空气气浮装置、电解气浮装置、泡沫分离器等型别。

在实际应用中，某一型别的环保设备还可根据设备材质、处理能力、功率大小、产品代次分为许多具体的型号和规格，如 ZGR01/E6/D600 型转毂式格栅除污机（类别：水污染治理设备；亚类别：物理法处理设备；组别：筛滤装置；型别：转毂式格栅除污机；栅片间距 6 mm，栅筐直径 600 mm，最大处理能力 $Q_{max} = 83$ L/s）。

第三节 我国水污染治理设备的现状与发展趋势

一、我国水污染治理设备的现状

我国水污染治理设备行业的发展与我国环保产业的发展是分不开的。国产水处理设备的生产始于 20 世纪 70 年代中后期,当时产品的标准化、成套化、系列化水平都很低,定型产品较少。20 世纪 90 年代以来,废水处理专用设备和与之配套的通用设备的生产水平都有了很大提高。

特别是经过改革开放后多年的发展,我国水污染治理设备逐渐走向规模化发展,通过设备引进、消化、吸收和自主创新,基本形成了成熟的水污染治理设备工艺技术路线,国产设备基本上能够实现水处理各种不同工艺流程的配置,部分设备的整体技术性能已接近或达到国际先进水平。

近年来,随着水污染治理项目市场的扩大及国家科技投入、扶持力度的加大,废水处理通用及专用设备的技术标准、制造水平及国产化程度都有了较大程度的提高。但就总体技术水平来说,其在可靠性、耐久性、能耗效率等方面还有待进一步提高,采用的技术标准也有待更新。要提高我国水污染治理产业化水平,关键是要提高废水处理设备的水平,特别是要提高废水处理专用设备和新型水处理通用设备的水平。

废水处理设备的发展特点:一是城市污水和工业废水处理设备已基本实现定型化、系列化和成套化,门类齐全、商品化程度高。二是废水处理单元设备,如沉淀、过滤、萃取、吸附、微滤、电渗析等设备已实现专业化规模生产,品种、规格、质量相对稳定,性能参数可靠,用户选择十分方便。三是城市污水处理成套设备向大型化发展。四是与废水处理专用设备相配套的风机、水泵、阀门等通用设备已逐步实现专门化设计并组织生产,以满足特殊需要。五是水资源紧张、水体富营养化、饮水安全导致废水深度处理设备和消毒设备有相当程度的发展。六是厌氧处理技术重新得到重视,促进了厌氧处理设备在高浓度有机废水处理上的应用。

二、我国水污染治理设备的发展趋势

随着节能减排的深入推进,水污染治理设备市场前景广阔,容量很大,吸引了各方力量加入这个行业。

(一)建立市场准入和设备监理制度

为了更好地保障项目资金的有效使用,确保治污工程达到节能减排的目的,国家有关主管部门将建立完善的水污染治理设备市场准入制度。

根据水污染治理设备质量管理现状,建议尽快明确监管主体,建立行之有效的监管制度,某些重点工程中的重点设备在安装完工投入试运行前,必须经有资质的检验机构按产品标准对产品进行检验,检验合格后方可投入运行。

(二)推进水污染治理设备的"标准化、系列化、成套化"

推进水污染治理设备的标准化工作,依托国家标准化管理委员会批准的环保产业标准化技术委员会水处理设备分技术委员会,开展现行行业标准的整理和规范工作,制定重点水污染治理设备国家标准,改善多种标准交叉并行的现状,为企业生产和政府实施质量监管提供依据。通过零部件标准化、同类产品系列化和工程装备成套化,进一步提高产品的技术和治理水平,增加品种,降低成本。

(三) 吸收相关学科先进技术, 新设备脱颖而出

密切关注工程材料、控制工程、生物工程、流体力学等学科的发展动态,及时吸收和应用相关学科的新技术和新产品,集成开发新型废水处理设备,提高设备的技术水平和科技含量。

第二章 物理法/物理化学法废水处理设备原理与设计

第一节 格栅与筛网

一、作用与分类

格栅是一种最简单的过滤设备,是由一组或多组平行的金属栅条制成的框架,斜置于废水流经的渠道中。与一般网状产品不同的是,筛网有严格的系列网孔尺寸,是对物体颗粒进行分级、筛选的符合行业、机构、标准认可的网状产品。筛网(又名水力筛网)是一种采用孔眼材料截留液体中悬浮物的简单、高效、维护方便的拦污装置,适用于从低浓度溶液中去除固体悬浮杂质。格栅与筛网一般设置在废水处理流程之首,或者泵站集水池的进口处。在废水处理流程中,格栅与筛网虽不是废水处理的主体设备,但位于关键部位,对后续处理设施具有保护作用。无论处理何种废水或污水,在将其送入水泵与主体构筑物之前,均需设置格栅以拦截较大杂物,设置筛网以截留较细悬浮物。常用格栅、筛网的分类及特征见表2-1。

表2-1 常用格栅、筛网的分类及特征

类型	构造类型	型式	栅渣去除、栅面清洗方法
格栅	立式格条型	固定手动式	人工耙取栅渣
		固定曝气式	下部曝气,剥离栅渣
		机械自动式	自动耙取栅渣
	旋转筒型	外周进水滚筒式	刮板刮取筒外栅渣
		内周进水滚筒式	栅渣自动造粒,靠自重或螺旋排出
筛网	转筒型	水力转筒式	喷嘴或毛刷清洗筛网
		机械转筒式	筛渣自动造粒,转筒外顶部喷射高压水,靠自重或螺旋排出
	固定倾斜式	平面振动式	振动力促进筛渣造粒,栅渣靠自重排出
		曲面振动式	振动力促进筛渣造粒,栅渣靠自重排出
	提升斗式	连续旋转提升式	在循环链上安装网兜网取栅渣,压缩空气以剥离栅渣

二、格栅、筛网简介及格栅设计

目前常用格栅、筛网类型及其性能比较见表2-2。几种格栅、筛网的构造见图2-1至图2-3。

表 2-2　常用格栅、筛网类型及其性能比较

类型		适用范围	优点	缺点
格栅	链条式	主要用于粗、中格栅,深度不大的中小格栅;主要用于清除长纤维及条状杂物	① 构造简单,制造方便; ② 占地面积小	① 杂物进入链条与链轮时容易卡住; ② 套筒滚子链造价高,易腐蚀
	移动伸缩臂式	主要用于粗、中格栅,深度中等的宽大格栅;耙斗式适于较深格栅	① 设备全部在水面上; ② 钢绳在水面上运行,寿命长; ③ 可不停水检修	① 移动部件构造复杂; ② 移动时耙齿与栅条间隙对位较困难
	钢绳牵引式	主要用于中、细格栅;固定式用于中小格栅;移动式用于宽大格栅	① 水下无固定部件者,维修方便; ② 适用范围广	① 水下有固定部件者,维修检查需停水操作; ② 钢丝绳易腐蚀
	回转式	主要用于中、细格栅;耙钩式用于较深的中、细格栅;背耙式用于较浅格栅	① 用不锈钢或塑料制造,耐腐蚀; ② 封闭式传动链,不易被杂物卡住	① 耙钩易磨损,造价高; ② 塑料件易破损
	旋转式	主要用于中、细格栅,深度浅的中小格栅	① 构造简单,制造方便; ② 运行稳定,容易检修	筒形或梯形栅条的格栅制造技术要求较高
筛网	固定式	从废水中去除低浓度固体杂质及毛和纤维类,安装在水面以上时,需要水头落差或水泵提升	① 平面筛网构造简单,造价低; ② 梯形筛丝曲面不易堵塞,不易磨损	① 平面筛网易磨损,易堵塞,不易清洗; ② 梯形筛丝曲面构造复杂
	圆筒式	从废水中去除中低浓度固体杂质及毛和纤维类,进水深度一般小于1.5 m	① 水力驱动式构造简单,造价低; ② 电动梯形筛不易堵塞	① 水力驱动式易堵塞; ② 电动梯形筛构造较复杂,造价高
	板框式	常用深度为1~4 m,可用深度为1~30 m	驱动部分在水上,维护管理方便	① 造价高,板框网更换较麻烦; ② 构造较复杂,易堵塞

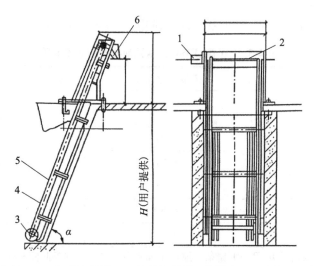

1—电机减速机;2—主动链轮轴;3—从动链轮轴;4—链条;5—机架;6—卸料溜板。

图 2-1　链条回转式多耙格栅

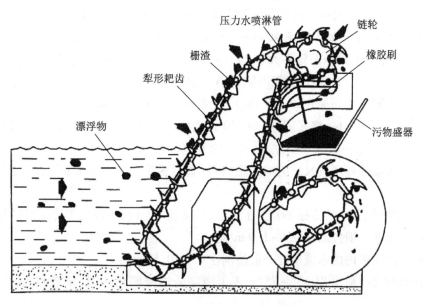

图 2-2　自清式格栅运行示意图

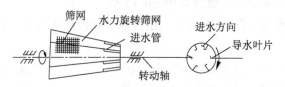

图 2-3　水力旋转筛网示意图

(一)格栅设计一般规定

① 水泵前格栅的栅条间隙应根据水泵要求确定。

各种类型水泵前格栅的栅条间隙随水泵的构造而变化,应小于离心泵内叶轮的最小间隙。当采用 PW 型及 PWL 型水泵时,栅条间隙可按表 2-3 选用。

表 2-3　PW 型、PWL 型水泵前格栅的栅条间隙

水泵型号	栅条间隙/mm	截流污物量/(L·人$^{-1}$·a^{-1})
$2\frac{1}{2}$PW、$2\frac{1}{2}$PWL	≤20	人工:4~5 机械:5~6
4PW、4PWL	≤40	2.7
6PWL	≤70	0.8
8PWL	≤90	0.5
10PWL	≤110	<0.5
32PWL	≤150	<0.5

注:① 采用立式轴流泵时,20ZLB-70,栅条间隙≤60 mm;28ZLB-70,栅条间隙≤90 mm。
　　② 采用 Sh 型清水泵时,14Sh,栅条间隙≤20 mm;20Sh,栅条间隙≤25 mm;24Sh,栅条间隙≤30 mm;32Sh,栅条间隙≤40 mm。

② 污水处理系统前格栅的栅条间隙应符合下列要求:a. 人工清渣,25~40 mm;b. 机械清渣,16~25 mm;c. 最大间隙 40 mm。污水处理厂亦可设置粗、细两道格栅。

如水泵前格栅的栅条间隙不大于 25 mm,污水处理系统前可不再设置格栅。

③ 栅渣量与地区的特点、栅条间隙大小、污水流量及下水道系统的类型等因素有关。在无当地运行资料时,可采用以下资料:a. 栅条间隙,16~25 mm;栅渣量,0.10~0.05 m³ 栅渣/(10^3m³ 污水)。b. 格栅间隙,30~50 mm;栅渣量,0.03~0.10 m³ 栅渣/(10^3m³ 污水)。栅渣的含水率一般在 80% 左右,密度约为 960 kg/m³。

④ 大型污水处理厂或泵站前的大型格栅(每日栅渣量大于 0.2 m³),一般应采用机械清渣。

⑤ 一般情况下,机械格栅不宜少于 2 台,当设置 1 台时,应设人工清除格栅备用。

⑥ 过栅流速一般控制在 0.6~1.0 m/s。

⑦ 格栅前渠道内的水流速度一般控制在 0.4~0.5 m/s。

⑧ 格栅倾角一般采用 45°~75°。人工清除的格栅倾角小时,虽较省力,但占地面积大。

⑨ 通过格栅的水头损失一般为 0.08~0.15 m。

⑩ 格栅间必须设置工作台,台面应高出栅前最高设计水位 0.5 m。工作台上应有安全和冲洗设施。

⑪ 格栅间工作台两侧过道宽度不应小于 0.7 m。工作台正面过道宽度:人工清渣时不应小于 1.2 m,机械清渣时不应小于 1.5 m。

⑫ 机械格栅的动力装置一般宜设在室内,或采取其他保护设备的措施。

⑬ 设置格栅装置的构筑物时,必须考虑设有良好的通风设施。

⑭ 格栅间内应设吊运设备,以进行格栅及其他设备的检修、栅渣的日常清除。

⑮ 格栅的栅条断面形状可按表 2-4 选用。

表 2-4　栅条断面形状与尺寸

栅条断面形状	正方形	圆形	矩形	一头半圆的矩形	两头半圆的矩形
尺寸/mm	⊟⊟⊟	○○○	▯▯▯	▯▯▯	▯▯▯

（二）格栅设计计算公式

1. 格栅槽的宽度 B

$$B = s(n-1) + bn \tag{2-1}$$

$$n = \frac{Q_{max}\sqrt{\sin \alpha}}{bhv} \tag{2-2}$$

式中：B——格栅槽的宽度，m；

s——栅条宽度，m；

n——栅条间隙数量；

b——栅条间隙，m；

Q_{max}——最大设计流量，m^3/s；

α——格栅的倾角，(°)；

h——栅前水深，m；

v——过栅流速，m/s。

格栅计算示意见图 2-4。

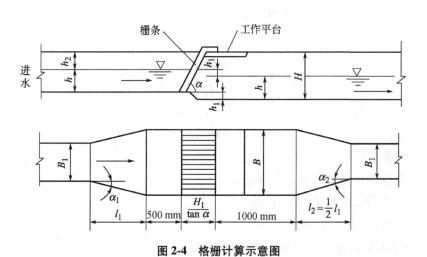

图 2-4　格栅计算示意图

2. 通过格栅的水头损失 h_1

$$h_1 = kh_0 \tag{2-3}$$

$$h_0 = \xi \frac{v^2}{2g}\sin \alpha \tag{2-4}$$

废水处理设备原理与设计

式中:h_1——通过格栅的水头损失,m;

$\qquad$ h_0——计算水头损失,m;

$\qquad$ k——格栅受栅渣堵塞时,水头损失增大的倍数,一般取 $k=3$;

$\qquad$ g——重力加速度,取 9.81 m/s²;

$\qquad$ ζ——局部阻力系数,其值与栅条的断面形状有关,可按表 2-5 选用。

表 2-5 格栅间隙的局部阻力系数 ζ

栅条断面形状	公式	说明	
矩形	$\zeta = \beta\left(\dfrac{s}{b}\right)^{\frac{4}{3}}$	β 为形状系数	$\beta = 2.42$
圆形			$\beta = 1.79$
一头半圆的矩形			$\beta = 1.83$
两头半圆的矩形			$\beta = 1.67$
正方形	$\zeta = \left(\dfrac{b+s}{\varepsilon b}-1\right)^2$	ε 为收缩系数,一般取 0.64	

3. 栅后槽总高度 H

$$H = h + h_1 + h_2 \tag{2-5}$$

式中:H——栅后槽总高度,m;

$\qquad$ h_2——栅前渠道超高,一般取 0.3 m。

4. 栅槽总长度 L

$$L = l_1 + l_2 + 1.0 + 0.5 + \frac{H_1}{\tan\alpha} \tag{2-6}$$

$$l_1 = \frac{B - B_1}{2\tan\alpha_1} \tag{2-7}$$

$$l_2 = \frac{l_1}{2} \tag{2-8}$$

$$H_1 = h + h_2 \tag{2-9}$$

式中:L——栅槽总长度,m;

$\qquad$ l_1——格栅前部渐宽段的长度,m;

$\qquad$ l_2——格栅后部渐窄段的长度,m;

$\qquad$ H_1——栅前渠中水深,m;

$\qquad$ α_1——进水渠渐宽段展开角度,一般取 20°;

$\qquad$ B_1——进水渠宽度,m。

5. 每日栅渣量 W

$$W = \frac{Q_{\max}W_t \times 86400}{K_z \times 1000} \tag{2-10}$$

式中：W——每日栅渣量，m^3/d；

W_t——栅渣量，m^3 栅渣$/(10^3 m^3$ 污水)；

K_z——生活污水流量总变化系数，可按表2-6选用。

表2-6 生活污水流量总变化系数 K_z

平均日流量/$(L \cdot s^{-1})$	4	6	10	15	25	40	70	120	200	400	750	1600
K_z	2.3	2.2	2.1	2.0	1.89	1.80	1.69	1.59	1.51	1.40	1.30	1.20

第二节 旋流沉砂器

一、旋流沉砂器工作原理和特点

旋流沉砂器广泛应用在废水处理领域，是废水处理厂中的预处理设施，主要用于去除直径大于0.2 mm的较大无机砂粒。旋流沉砂器包括减速机、叶轮、空气提升泵、管路、工作桥等。旋流沉砂器工作时，当水流在一定的压力下从除砂进水口以切向进入设备后，会产生强烈的旋转运动，由于砂和水密度不同，在离心力、向心力、浮力和流体曳力的共同作用下，密度低的水上升并从出水口排出，密度大的砂粒从设备底部的排污口排出，从而达到除砂的目的。旋流沉砂器具有除砂率高、节省安装空间、工作状态稳定等优点。

(一)工作原理

废水从切线方向进入圆形沉砂池，利用机械叶轮的旋转，加速池中的废水做旋转运动。废水中的砂粒受冲刷并在离心力与重力的作用下沿池壁下沉，而附着在砂粒上的有机物质则随水流漂走进入下一道工序。沉入池底的砂经空气提升或泵提升后，进入砂水分离器，实现彻底的砂水分离。

(二)旋流沉砂器特点

① 占地面积小。

② 除砂效果受废水量变化影响小。

③ 砂水分离效果好，分离出的砂有机物含量低，含水率低。

④ 系统采用可编程逻辑控制器(programmable logic controller，PLC)自动控制洗砂，操作简单，运行安全、可靠。

⑤ 对周围环境影响小，卫生条件好。

二、旋流沉砂器结构

旋流沉砂器主要包括比氏(Pista)沉砂池和钟氏(Jeta)沉砂池。比氏沉砂池为圆形旋流沉砂池的原型,它产生了广泛的影响。

(一)比氏沉砂池

比氏沉砂池包括轴向螺旋桨搅拌器及驱动装置、砂泵、真空启动装置、旋流砂粒浓缩器、螺旋砂水分离输送机、就地控制机等。分选区底部采用平底及平行于底部的螺旋桨设计,并设有盖板,盖板的孔口开在池心。比氏沉砂池结构与工作原理如图2-5所示。

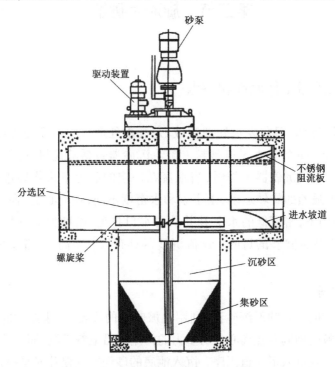

图2-5 比氏沉砂池结构与工作原理图

比氏沉砂池采用旋流原理,含砂废水在经过平而直的自由液面进水渠道后,水的紊流降到最低。切向进水渠末端是一个能产生附壁效应的斜坡,可使部分已经沉降于渠道内的砂粒顺斜坡进入沉砂区。进水口处设有一阻流板,可使冲到板上的水流下折到分选区的底板上。轴向螺旋桨则将水流导向池心,然后水流向上,由此形成一个螺旋状环流(池壁处水流的速度场向下,池中心水流的速度场则向上)。较重的砂粒在靠近池心的盖板孔口处落入集砂区,而较轻的有机物则由于螺旋桨的作用而与砂粒分离,最终引向出水渠,并随出水流至后续处理构筑物,从而完成砂水分离的全过程。

比氏沉砂池的水流方向与砂粒运移方向一致(向池心),由于砂粒在落入集砂区之前的相当长时间内受螺旋桨的影响,再加上盖板的孔口开在池心,因此有利于有机物的分离。比氏沉砂池有两种从集砂区中排砂的方式以供选择:砂泵或气提。推荐采用砂泵从集砂区排砂,以达到较好的有机物分离效果;同时采用砂泵也较灵活,不受提升高度及距离的限制。

比氏沉砂池的除砂效率 η 可用下式表示:

$$\eta = \frac{r_\varphi - r_i}{r_a - r_i} \tag{2-11}$$

$$r_\varphi = r_i + \frac{1}{18\mu}(\rho_p - \rho_w)d_p^2 v\varphi \tag{2-12}$$

式中:r_a——沉砂池分选区半径,m;

r_i——沉砂池集砂区半径,m;

r_φ——含砂水流与不含砂水流交界处的半径,m;

μ——水的运动黏滞系数,20 ℃时,μ=0.01010 cm^2/s;

ρ_p——砂粒的密度,2.65×10^3 kg/m^3;

ρ_w——水的密度,1.00×10^3 kg/m^3;

d_p——砂粒的直径,mm;

v——池中螺旋状环流的速度,m/s;

φ——砂粒从池入口沉向集砂区的沉降弧度,一般取 5π/3。

控制池中螺旋桨的转速,从而控制螺旋状环流的速度,是保证旋流沉砂池除砂效率的关键。从国内的运行情况来看,尽管螺旋桨的转速可调,但由于各废水处理厂进水水质的差异、具体工艺流程的不同、旋流沉砂池规格型号各异及进水水位和流速的变化,需要运行管理人员及时调控最佳的运行参数。

第三代比氏 360°旋流沉砂池具有一条 15°倾角的封闭进水涵。沉砂池进水以充满流进入,进水渠末端与沉砂池的分选区池底平接,有效保证已经在渠道中沉底的砂粒直接滑入沉砂池底。水流靠自身的动能作用在池内形成旋流,在螺旋桨的定速旋转驱动下,于中部形成一个向上的推动力,使水流在垂直面形成环流。在垂直面环流和旋流的共同驱动下,水流在沉砂池中以螺旋状前进,砂粒在离心力作用下撞向池壁沿水流滑入池底。积于池底的砂粒由于垂直面环流的水平推动作用向池中心汇集,跌入积砂斗,部分较轻的有机物则在中部上升水流的作用下重新进入水中。水流在分选区内回转一周(360°)后,进入与进水渠同流向但位于分选区上部的出水渠道。进水口、出水口之间则以一道水平隔板分隔以防止短流,大大降低了出水对分选区下部积砂区的影响,有效防止已沉下的砂又重新被带入出水之中。进水、出水在流程上呈 360°流线型分布,延长了旋流流程(比早期池型延长了90°),提高了除砂效果,同时也使沉砂池的整体布置更加顺畅、简洁,进水、出水的水力条件更好。去除的沉砂跌入砂斗盖板中心的开孔并存于砂斗内,为防止砂粒板结,桨板驱动轴下端的叶片砂粒流化器不停地搅动,砂粒便定时由砂泵抽出池外。

第三代比氏 360°旋流沉砂池主要利用水流动能自然形成的环流有效地除砂,定速运行的轴流式装板虽然可调节分离效果,但对于池内的水平环流并没有调节作用,因此控制进水流速是决定其处理效果的关键因素。理想的设计进水流速宜选用平均流量（3/5~4/5 设计流量）时的进水流速:0.6~0.9 m/s。

（二）钟氏沉砂池

钟氏沉砂池为 1984 年的专利产品,在众多的仿比氏沉砂池中最具代表性,目前已有几千套装置在世界各地运行。钟氏沉砂池由电动机、减速箱、转动轴、转盘叶片、空气提升和空气冲洗系统、砂提升管等组成,转盘叶片的结构和高度均可调,分选区底部为斜底,没有盖板。钟氏沉砂池结构与工作原理如图 2-6 所示。

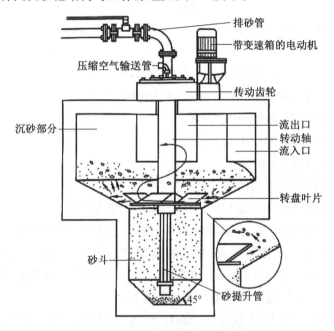

图 2-6　钟氏沉砂池结构与工作原理图

钟氏沉砂池采用重力原理,水流流经进水渠(较比氏沉砂池短)从切线方向进入沉砂池,由驱动装置带动转盘叶片以非常低的转速旋转(12~15 r/min),叶轮旋向与废水切向进入产生的旋流方向一致。分选区的水流分为两个环流:内环在叶轮推动下向上轻微流动,外环在垂直方向则基本保持静止(当然仍存在一定水平方向的旋流运动)。砂粒在轻微离心力和重力的双重作用下沉降到外环的斜底上,并顺斜坡滑入集砂区。

较轻的悬浮物颗粒在水流的带动下与砂粒分离,进入下一道工序。转盘叶片的边上开有孔口,以利用压力差将已进入集砂区的有机物带回分选区。由于钟氏沉砂池中水流与砂粒运移方向相反,控制转盘叶片的转速成了关键问题:转速太小,有机物会随同砂粒一起滑入集砂区;转速太大,砂粒则随着有机物一起返回水流中。

钟氏沉砂池有两种排砂方式以供选择:砂泵或气提。推荐选用气提装置从集砂区排砂,原因如下:① 砂泵的质量很难达到较高的水平,且使用寿命短于气提装置;② 气提装置还可兼顾"砂清洗"过程,即气提前先用空气将砂冲散,使有机物与砂粒分离。

转盘叶片的旋转可降低进水量变化导致流态变化的敏感程度,保证沉砂的效果稳定,确保出砂的有机成分少。由于转盘叶片的结构和高度均可调,因此需提供一套变速及调整系统。此外,钟氏沉砂池进、出水口及池中水位也不固定,视需去除砂粒的粒径而定,这一系列变化因素增加了运行管理的难度。

(三)比氏沉砂池与钟氏沉砂池的比较

比氏沉砂池和钟氏沉砂池尽管大小相近,但在原理、结构、驱动装置、排砂装置、管理等各个方面均存在差异。比氏沉砂池和钟氏沉砂池的比较见表2-7。

表 2-7　比氏沉砂池和钟氏沉砂池的比较

类型	比氏沉砂池	钟氏沉砂池
原理	主要依靠轴向螺旋的旋流原理除砂和分离有机物	主要依靠重力原理除砂,有机物则在径向叶轮的推力作用下与砂粒分离
结构	池底为平底,螺旋桨平行于底面,盖板上的孔口开在池心,360°进出水	池底为斜底,沉降的砂粒通过斜坡自行滑入集砂区,不设盖板,集砂区开孔在其圆周上,270°进出水
驱动装置	轴向螺旋桨,转速较快,水流与砂粒方向一致	径向螺旋桨,转速较慢,水流与砂粒方向相反
排砂装置	推荐用砂泵,可与其第二级旋流浓缩器配套	推荐用气提装置
管理	螺旋桨的转速和叶片高度是固定的,管理方便	转盘的转速和叶片高度均可调,进、出水口及池中水位也是不固定的,管理较困难

三、旋流沉砂器设计

(一)旋流沉砂器设计要点

① 旋流沉砂器工艺基本上是废水流经一定直段长度的进水渠道和进水渠道末端稍许下坡后,以切线方向进入圆池,至少回旋270°出流。

② 圆池宜设计为平底,使沉砂聚集行程加长,延长砂粒在旋流中的时间,使有机物和砂粒的分离更为有效。

③ 集砂槽底部需设置高压水冲洗系统,防止沉砂堵塞和板结,以免影响沉砂的排除效果。

④ 立式旋转桨叶需有恒定的外缘线速度,并保持合适的搅动强度。

⑤ 沉于池底的颗粒,需有足够的向心扫流速度,导入中心的集砂槽内后排出。

⑥ 需选择合理的进水流速、水力停留时间、出水表面负荷等,以达到最佳的砂粒沉降效果。

(二)设计选用设备的基本特性

1. 立式旋转桨叶

立式旋转桨叶由齿轮减速电机、立轴和桨叶组成。桨叶须带有倾角,应能避免物体的缠绕。

2. 吸砂泵（或空气提升管）

吸砂泵为旋流泵,由叶轮、铸铁泵壳、不锈钢泵轴、机械密封及电机等组成,应具有较强的杂物通过能力。

3. 砂槽冲洗管路系统及冲洗设备

当旋流池设备需要检修或者停电及因其他问题长期不运转时,集砂槽堆积的砂粒可能会堵塞排砂管吸口或吸口段管路,因此必须提供冲洗设备,在运转前或定时对吸口进行冲洗。冲洗设备应包括水泵、阀、管路系统等。

第三节　混凝沉淀反应设备

混凝的处理对象主要是水中的微小悬浮物和胶体杂质,粒度一般为 1 ~ 100 nm。很多废水处理、污泥脱水均采用了混凝技术。混凝法既可以独立使用,也可以和其他处理方法配合使用。由于混凝涉及的因素很多,因此其机理至今仍未完全清楚,归纳起来主要有压缩双电层、吸附中和、吸附架桥、沉淀物网捕等四方面的作用,这四种作用产生的微粒凝结现象——凝聚(coagulation)和絮凝(flocculation)总称为混凝,有凝聚与絮凝作用的药剂统称为混凝剂。当单用混凝剂不能取得良好效果时,可投加某类辅助药剂以提高混凝效果,这种辅助药剂称为助凝剂。混凝剂主要分为无机盐类(硫酸铝、聚合氯化铝、三氯化铁、硫酸亚铁、聚合硫酸铁、活化硅酸)、有机高分子类、微生物类,助凝剂可分为pH 调整剂、絮体结构改良剂、氧化剂。

与其他处理方法相比较,混凝法的优点是设备简单,维护操作易于掌握,处理效果好,间歇或连续运行均可;缺点是需要不断地向废水中投药,经常性运行费用较高,沉渣量大,且沉渣脱水较困难。为了完成混凝沉淀过程,必须设置以下设备:① 配制和投加混凝剂的设备;② 使混凝剂与原水迅速混合的设备;③ 使细小矾花不断增大的絮凝反应设备。

一、混凝剂配制设备

(一)溶液池的体积计算

混凝剂的配制一般包括混凝剂溶解和溶液稀释两个步骤。混凝剂溶解是在溶药池内将固体混凝剂溶解成浓溶液;溶液稀释是将已溶解好的混凝剂浓溶液稀释成生产投加时所需要的浓度,通常直接在溶液池中进行,至少需要两个溶液池交替使用。溶药池体积一般为溶液池体积的 20% ~ 30%。

溶液池的体积可按下式计算:

$$W = \frac{24 \times 100 AQ}{1000 \times 1000 \times bn} \approx \frac{AQ}{417bn} \tag{2-13}$$

式中:W——溶液池的体积,m^3;

A——混凝剂最大用量,mL /L;

Q——处理水量,m³/h;

b——溶液浓度,以混凝剂固体质量分数计算,一般取 $10\%\sim20\%$;

n——每昼夜配制药液的次数,一般为 2~6 次,手工操作时不宜多于 3 次。

溶液池设备及管道应考虑防腐。

(二)混凝剂配制设备类型

无论是混凝剂溶解,还是溶液稀释,都需要设置搅拌装置,搅拌可采用水力、机械或压缩空气等方式。水力搅拌可分为两种情况:一种是利用水厂压力水直接对混凝剂进行冲溶和淋溶,优点是节省机电设备,缺点是效率低、溶药不充分;另一种是利用专设水泵从溶液池抽水,再从溶药池底部送回溶药池,形成循环水力搅拌(图 2-7)。机械搅拌使用较多,一般适用于各种规模的废水厂和各种药剂的溶解,通常以电动机驱动桨板或涡轮搅动溶液,溶解效率较高。搅拌机可根据需要自行设计,或直接选用某些定型产品。搅拌机在溶药池上的设置有旁入式和中心式两种,对于尺寸较小的溶药池可以选用旁入式,对于大尺寸的溶药池则通常选用中心式(图 2-8)。压缩空气搅拌一般是在溶液池底部设置环形穿孔布气管,由空压机提供的

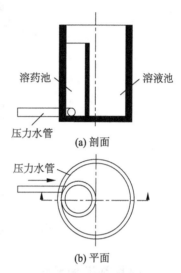

图 2-7 混凝剂的水力搅拌装置示意图

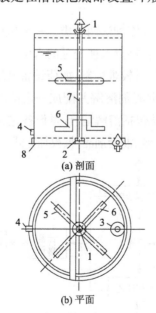

1,2—轴承;3—异径管箍;4—出管;5—桨叶;6—锯齿角钢桨叶;7—立轴;8—底板。

图 2-8 混凝剂的机械搅拌装置示意图

压缩空气通过布气管通入对溶液进行搅拌(图 2-9)。压缩空气搅拌的优点是没有与溶液直接接触的机械设备,便于维修;但与机械搅拌相比,其动力消耗较大,溶解速度较慢。压缩空气搅拌适用于各种规模的废水厂和对各种药剂的溶解。

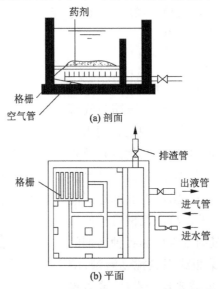

图 2-9　混凝剂的压缩空气搅拌装置示意图

二、混凝剂投加系统

（一）投配方法

混凝剂的投配方法有干加法和湿加法两大类——酸碱中和处理时,石灰等中和剂的投配也是如此。干加法是将混凝剂直接投入被处理的水中。其优点是设备占地面积小;缺点是对混凝剂的粒度要求较高,投加量较难控制,加药设备易堵塞,同时劳动条件也较差。目前使用较多的是湿加法,即先将混凝剂溶解并配成一定浓度的溶液,再投入被处理的废水中。如图 2-10 所示,整个投加系统包括溶解池、计量设备、投加设备和混合设备,其布置应根据处理厂平面布置、构筑物竖向布置、混凝剂品种、投加方式及混合方式等因素确定。

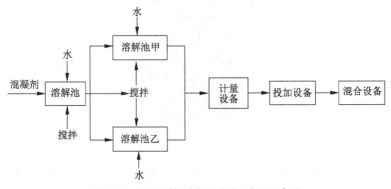

图 2-10　混凝剂的溶解和投加过程示意图

(二) 投药设备类型

投药设备包括投加和计量两部分,要求计量准确、调节灵活、设备简单。常用投加方式包括重力投加、虹吸定量投加、水射器投加和水泵投加等,相应的投加装置如下。

(1) 重力投加装置

重力投加是指混凝剂溶液利用其自身的重力,从较高的液位池自动加注到原水中的一种投加方式,投加装置包括溶液池、溶液箱、投药箱等,可配用孔口计量装置(图 2-11、图 2-12)。孔口计量中控制加药量的方法有设置苗嘴、孔板(图 2-13)等,适用于溶液池恒液位的情况,利用孔口在恒定浸没深度下的稳定出流量来计量,流量的大小可通过改变孔口面积来调节。调节计量阀内有上、下两个孔板,下孔板与阀体固定,上孔板可以滑动,通过操作手轮改变两板的出流断面来调节流量。苗嘴、孔板和调节计量阀除橡胶垫圈外都采用硬聚氯乙烯加工制成。

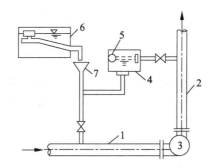

1—进水管;2—出水管;3—水泵;4—水箱;5—浮球阀;6—溶液池;7—漏斗。

图 2-11　泵前重力投加装置

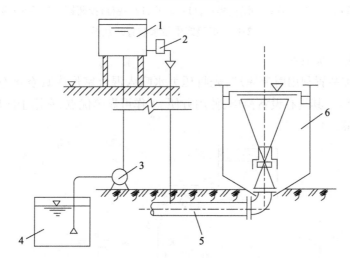

1—溶液箱;2—投药箱;3—提升泵;4—溶液池;5—进水管;6—澄清池。

图 2-12　高架溶液池重力投加装置

废水处理设备原理与设计

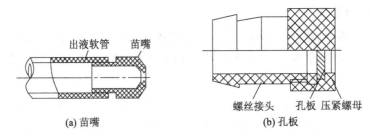

(a) 苗嘴　　　　　　　(b) 孔板

图 2-13　苗嘴和孔板

（2）虹吸定量投加装置

如图 2-14 所示，虹吸定量投加装置是利用空气管末端与虹吸管出口间的水位差不变，因而投加量恒定的原理设计的，可通过改变虹吸管进、出口高度差 H 来控制投加量。

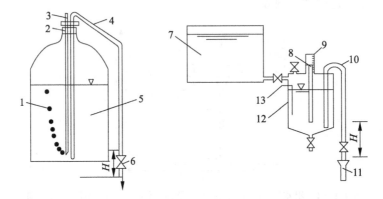

1—空气泡；2—密封瓶口；3—进气管；4,10—虹吸管；5—药剂溶液；6—恒定流量装置；
7—溶液箱；8—空气管；9—流量标尺；11—漏斗；12—密封投药箱；13—液位报警器。

图 2-14　虹吸定量投加装置示意图

（3）水射器投加装置

水射器投加装置利用射流原理，先将压力水喷入混合室形成真空状态，再吸入配好的药液（图 2-15）。其具有设备简单、使用方便、工作可靠等优点，常用于向压力管内投加药液和提升药液。

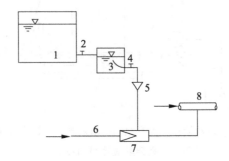

1—溶液池；2,4—阀门；3—投药箱；5—漏斗；6—高压水管；7—水射器；8—进水管。

图 2-15　水射器投加装置示意图

水射器的设计要求:① 喷嘴和喉管进口的间距 $l=0.5d_2$(d_2 为喉管直径)时,效率最高;② 喉管长度 l_2 以等于 6 倍喉管直径为宜,即 $l_2=6d_2$,如制作困难可减至不小于 4 倍喉管直径;③ 喉管进口角度 α 以 120° 为好,喉管与外壳连接线应平滑;④ 扩散管角度 θ 以 5° 为好;⑤ 吸入液体的进水方向角 β 以 45°~60° 为好,夹角线与喷嘴管轴线交点宜在喷嘴之前;⑥ 喷嘴收缩角 γ 可取 10°~30°。

（4）水泵投加装置

水泵投加是利用泵将电能转变成动能,将药液加注到废水中的一种投加方法。根据所选泵类型的不同,水泵投加装置有离心泵投加和计量泵(柱塞式或隔膜式)投加两种。离心泵投加需配置相应的计量设施,而计量泵投加则不用另配计量装置,并可通过改变计量泵冲程和/或变频调速来改变投加量。随着废水处理仪表控制与自动化水平的不断提高,电磁流量计、计量泵等高精度计量设备的应用日益广泛。计量泵主要由动力驱动、流体输送和调节控制三部分组成。根据动力驱动和流体输送方式的不同,计量泵可大致划分成柱塞式和隔膜式两大类。其中,柱塞式计量泵又可分为普通有阀泵和无阀泵两种,其在高防污染要求流体计量应用中受到诸多限制。隔膜式计量泵利用特殊设计的柔性隔膜取代活塞,在驱动机构的作用下实现往复运动,完成吸入—排出过程。结构设计的优化和新型材料的选用大大延长了隔膜的使用寿命,加上复合材料优异的耐腐蚀特性,隔膜式计量泵目前已经成为流体计量应用中的主力泵型。计量泵投加系统的主要附件有过滤底阀、过滤器、泄压阀/背压阀和脉冲阻尼器等。

三、混凝混合设备

混合设备是完成凝聚过程的重要设备。它能保证在较短的时间内将混凝剂扩散到整个水体,并使水体产生强烈紊动,为混凝剂在水中的水解和集合创造良好的条件。一般混合时间约为 2 min,混合时的流速应在 1.5 m/s 以上。

(一)混合方式

常用混合方式有水泵混合、隔板混合、机械混合及管道混合。

(二)混合设备类型

1. 水泵混合装置

将混凝剂加于水泵的吸水管或吸水喇叭口处,利用水泵叶轮的高速转动达到快速、激烈混合的目的,取得良好的混合效果,不需另设混合设备,但需在水泵内侧、吸入管和排放管内壁衬以耐酸、耐腐蚀材料,同时要注意进行水管处的密封以防水泵汽蚀。当泵房远离处理构筑物时不宜采用水泵混合方式,因为已形成的絮体在管道出口一经破碎便难以重新聚结,不利于以后的絮凝。

2. 隔板混合装置

分流隔板式混合槽如图 2-16 所示,槽内设隔板,混凝剂于隔板前投入,水在隔板通道

废水处理设备原理与设计

间流动的过程中与混凝剂充分混合。这种装置的混合效果比较好,但占地面积大,水头损失也大。

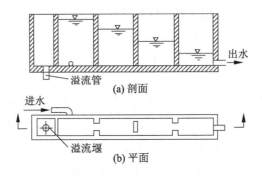

图 2-16　分流隔板式混合槽

多孔隔板式混合槽如图 2-17 所示,槽内设若干穿孔隔板,水流经小孔时做旋流运动,使混凝剂与原水充分混合。当流量变化时,可调整淹没孔口数目,以适应流量变化。其缺点是水头损失较大。隔板间距为池宽的两倍,也可取 60~100 cm,流速应在 1.5 m/s 以上,混合时间一般为 10~30 s。水流在隔板孔道中的水头损失 h 按下式计算:

$$h=\xi\frac{v^2}{2g} \tag{2-14}$$

式中:v——孔道中水流的速度,m/s;

ξ——隔板孔道局部水头损失系数,一般取 2.5;

g——重力加速度,取 9.81 m/s²。

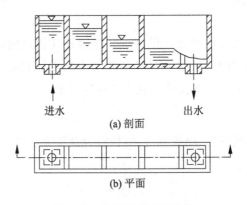

图 2-17　多孔隔板式混合槽

3. 机械混合装置

机械混合多采用结构简单、加工制造简便的桨板式机械搅拌混合槽,如图 2-18 所示。混合槽可采用圆形或方形水池,高(H)3~5 m,叶片转动圆周速度大于 1.5 m/s,水力停留时间为 10~15 s。

为加强混合效果,可在内壁设四块固定挡板,每块挡板宽度 b 取($1/10~1/12$)D(D 为混合槽内径),其上、下缘距静止液面和池底皆 $D/4$。

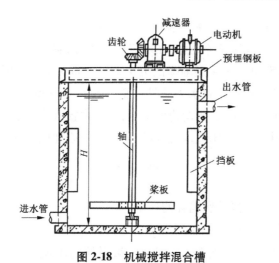

图 2-18 机械搅拌混合槽

池内一般设带两叶的平板搅拌器,搅拌器距池底$(0.5～0.75)D_0$(D_0为桨板直径)。

当$H:D≤1.3$时,搅拌器设一次桨板;

当$H:D>1.3$时,搅拌器可设两层桨板;

若$H:D$的值很大,则可多设几层桨板,每层间距为$(1.0～1.5)D_0$,相邻两层桨板90°交叉安装。

搅拌器桨板直径$D_0=(1/3～2/3)D$;搅拌器桨板宽度$B=(0.1～0.25)D_0$。

机械搅拌混合槽的主要优点是混合效果好且不受水量变化的影响,适用于各种规模的废水处理厂;缺点是增加了机械设备,相应增加了维修工作量。

4. 管道混合装置

管道混合是利用从原水泵后到絮凝反应设备之间的压力使混凝剂和原水混合,目前已经发展出多种结构形式,主要原理是从管道中利用一些能够改变水流水力条件的附件,从而产生不同的混合效果。某些情况下应用锯齿曲折型挡板,借助管内水流紊动,使混凝剂与原水充分混合;也可采用管式静态混合器、管路机械混合器等。

管式静态混合器由投药管、混合元件和外管组成,其原理是在管道中设置多节按照一定角度交叉的固定叶片,使水流多次分流,同时产生涡旋旋转及交叉流动,以达到混合的目的。这种混合器能够产生分流、交叉流和漩涡三种混合作用,具有结构简单、无活动部件、安装方便等优点。一般管内流速约为1 m/s,分1～4节。管式静态混合器主要适用于流量变化较小的废水处理厂,也可根据工艺需要改变混合元件的数量。

四、絮凝反应设备

(一)混凝沉淀过程概述

混合完成后,水中便已产生细小絮体,但尚未达到自然沉降的粒度。絮凝反应设备的任务就是增加颗粒接触碰撞和吸附的机会,使细小絮体逐渐絮凝成大絮体而便于沉淀,这就要求反应设备有一定的停留时间和适当的搅拌强度。但搅拌强度太大会使生成的絮体破碎,且絮体越大越易破碎,因此在反应设备中,沿着水流方向搅拌强度应该越来越小。流速一般从 $0.5 \sim 0.6$ m/s 逐渐降低至 $0.2 \sim 0.3$ m/s,停留时间一般为 $10 \sim 30$ min。

由于在混合反应过程中,控制水力条件的重要参数是速度梯度,因此搅拌强度可用速度梯度 G 来表示,单位为 s^{-1}。所谓速度梯度,是指由搅拌在垂直水流方向上引起的速度差 $\mathrm{d}u$ 与垂直水流距离 $\mathrm{d}y$ 的比值,可根据流体力学的原理用下式表示:

$$G = \frac{\mathrm{d}u}{\mathrm{d}y} = \sqrt{\frac{P_0}{\mu}} \tag{2-15}$$

式中:P_0——单位体积溶液搅拌所消耗的功率,W;

$\quad$ μ——液体的动力黏度,$\text{N} \cdot \text{s}/\text{m}^2$。

设混合或反应设备的有效容积(亦即池中被搅拌的水流体积)为 V,则式(2-15)可写为

$$\overline{G} = \sqrt{\frac{P}{\mu V}} \tag{2-16}$$

式中:$\overline{G}$——混合或反应设备中的平均速度梯度,s^{-1};

$\quad$ P——在混合或反应设备中水流所消耗的功率,W。

速度梯度实质上反映了颗粒的碰撞机会,其与搅拌反应时间的乘积 $\overline{G}t$ 可以间接表示整个反应时段内颗粒碰撞的总次数,可以通过控制 $\overline{G}t$ 以控制反应效果,一般 $\overline{G}t$ 的值应控制在 $10^4 \sim 10^5$ 之间。当原水浓度低,平均速度梯度 $\overline{G}$ 值较小或处理要求较高时,可适当延长反应时间,以提高 $\overline{G}t$ 值,改善反应效果。

(二)絮凝反应设备设计

絮凝反应设备根据其搅拌方式可分为水力搅拌反应池和机械搅拌反应池两大类。水力搅拌反应池有往复式(平流式或竖流式)隔板反应池、回转式隔板反应池、涡流式反应池等形式。各不同类型反应池的优、缺点与适用条件见表2-8。

表 2-8 不同类型反应池的优、缺点与适用条件

反应池类型	优点	缺点	适用条件
往复式(平流式或竖流式)隔板反应池	反应效果好,构造简单,施工方便	容积较大,水头损失大	水量大于 1000 m^3/h 且水量变化较小
回转式隔板反应池	反应效果良好,水头损失较小,构造简单,管理方便	池较深	水量大于 1000 m^3/h 且水量变化较小,改建或扩建原有设备
涡流式反应池	反应时间短,容积小,造价低	池较深,圆锥形,池底难以施工	水量小于 1000 m^3/h
机械搅拌反应池	反应效果好,水头损失小,可适应水质、水量的变化	部分设施处于水下,维护不便	大小水量均适用

1. 隔板反应池的设计

隔板反应池主要有往复式和回转式两种,如图 2-19 及图 2-20 所示。往复式隔板反应池是在一个矩形水池内设置许多隔板,水流沿两隔板之间的廊道往复前进。隔板间距(廊道宽度)自进水端至出水端逐渐增加,从而使水流速度逐渐减小,以避免逐渐增大的絮体在水流剪切力的作用下破碎。水流在廊道间往复流动,使得颗粒碰撞聚集达到絮凝效果,水流的能量来自反应池内的水位差。

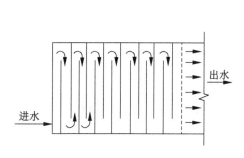

图 2-19　往复式隔板反应池

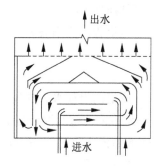

图 2-20　回转式隔板反应池

往复式隔板反应池在水流转角处能量消耗大,对絮体成长不利。在 180° 的急剧转弯处,虽会增加颗粒碰撞概率,但也易使絮体破碎。为减少不必要的能量消耗,故将 180° 转弯改为 90° 转弯,形成回转式隔板反应池。为便于与沉淀池配合,水流自反应池中央进入,逐渐转向外侧。廊道内过水断面由中央至外侧逐渐增大,原理与往复式相同。

（1）设计参数及要点

① 池数一般不少于 2 座,反应时间为 20~30 min,色度高、难沉淀的细颗粒较多时宜采用高值。

② 池内进口流速一般为 0.5~0.6 m/s,出口流速一般为 0.2~0.3 m/s。通常用改变隔板间距的方法来改变流速。

③ 隔板净间距应大于 0.5 m,小型反应池采用活动隔板时可适当缩小间距。进水管口应设挡板,避免水流直冲隔板。

④ 反应池超高一般取 0.3 m。

⑤ 隔板转弯处的过水断面面积应为廊道断面面积的 1.2~1.5 倍。

⑥ 池底向排泥口的坡度一般取 2%~3%,排泥管直径不小于 150 mm。

⑦ 速度梯度 G 与反应时间 t 的乘积 Gt 可间接表示整个反应时段内颗粒碰撞的总次数,可用来控制反应效果。当原水浓度低、$\overline{G}$ 值较小或处理要求较高时,可适当延长反应时间,以提高 $\overline{Gt}$ 值,改善反应效果。一般 $\overline{G}$ 值控制在 20~70 s^{-1} 之间为宜,$\overline{Gt}$ 值应控制在 10^4~10^5 之间。

（2）设计计算

① 反应池容积 V。

$$V = \frac{Qt}{60} \tag{2-17}$$

式中：V——反应池容积，m^3；

    Q——设计处理水量，m^3/s；

    t——反应时间，min。

② 廊道内沿程水头损失 h_f。

$$h_f = \frac{n^2}{R^{4/3}} v^2 l \tag{2-18}$$

式中：h_f——廊道内沿程水头损失，m；

    n——廊道内池壁及池底粗糙系数，经水泥砂浆粉刷后，n 可取 0.014；

    v——廊道内水流速度，m/s；

    l——廊道长度，m；

    R——廊道内水力半径，m。

③ 水流转弯处局部水头损失 h_j。

$$h_j = \xi \frac{v_{it}^2}{2g} \tag{2-19}$$

式中：h_j——水流转弯处局部水头损失，m；

    ξ——局部阻力系数，180°转弯的往复隔板取 3，90°转弯的回转隔板取 1；

    v_{it}——第 i 个转弯处的水流速度，m/s；

    g——重力加速度，取 9.81 m/s^2。

④ 总水头损失。

隔板反应池廊道宽度通常分为几段，每段内又有几个转弯，亦即几个廊道，每段内的廊道宽度相等，流速也相同。如果按段计算，每段内的总水头损失 h_i 应为

$$h_i = m_i \left(\frac{n^2}{R^{4/3}} v_i^2 l + \xi \frac{v_{it}^2}{2g} \right) \tag{2-20}$$

式中：h_i——第 i 段廊道内沿程和局部水头损失之和；

    m_i——第 i 段的水流转弯次数；

    v_i——第 i 段廊道内水流速度，m/s；

    v_{it}——第 i 个转弯处的水流速度，m/s。

整个反应池的总水头损失应为各段水头损失之和。回转式隔板反应池则按圈分段，计算方法与往复式相同，只是 ξ 值不同。

⑤ 反应池总的平均速度梯度 $\overline{G}$。

$$\overline{G} = \sqrt{\frac{\rho g h}{\mu t}} \tag{2-21}$$

式中：$\overline{G}$——反应池总的平均速度梯度，s^{-1}；

ρ——水的密度，1000 kg/m^3；

g——重力加速度，取 9.81 m/s^2；

μ——水的动力黏度，$kg \cdot s/m^2$；

t——反应时间，s。

2. 涡流式反应池的设计

涡流式反应池的结构如图 2-21 所示。下半部分为圆锥形，水从圆锥底部流入，形成涡流，涡流边扩散边上升，锥体面积也逐渐增大，上升流速逐渐由大变小，这样有利于絮凝体形成。

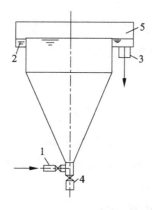

1—进水管；2—圆周集水槽；3—出水管；4—放水阀；5—格栅。

图 2-21 涡流式反应池

涡流式反应池的设计参数及要点如下：

① 池数不少于 2 座，底部锥角呈 30°~45°，超高取 0.3 mm，反应时间为 6~10 min。

② 入口处流速为 0.7 m/s，上侧圆柱部分上升流速为 4~6 cm/s。

③ 在周边水槽收集处理水，也可以采用淹没式穿孔管收集处理水。

④ 每米工作高度的水头损失控制在 0.02~0.05 m。

3. 机械搅拌反应池的设计

机械搅拌反应池根据转轴的位置可分为水平轴式和垂直轴式两种。垂直轴式应用较多，水平轴式操作盒因维修不方便，目前较少使用。

（1）设计参数及要点

① 池数一般不少于 2 座。

② 每座池一般设 3~4 挡搅拌器，各搅拌器之间用隔墙分开以防水流短路，垂直搅拌轴设于池中间。

③ 搅拌叶轮上桨板中心处的线速度自第一挡 0.5~0.6 m/s 逐渐减小至 0.2~0.3 m/s。线速度的逐渐减小反映了速度梯度 G 值的逐渐减小。

④ 垂直轴式搅拌器的上桨板顶端应设于池子水面下 0.3 m 处，下桨板底端设置于距

池底 0.3~0.5 m 处,桨板外缘与池侧壁间距离不大于 0.25 m。

⑤ 桨板宽度与长度之比 $b/l = 1/15 \sim 1/10$,一般采用 $b = 0.1 \sim 0.3$ m。每台搅拌器上桨板总面积宜为水流截面积的 10%~20%,不宜超过 25%,以免池水随桨板同步旋转,减弱絮凝效果。水流截面积是指与桨板转动方向垂直的截面积。

⑥ 所有搅拌轴及叶轮等机械设备应采取防腐措施。轴承与轴架宜设于池外,以免泥沙进入,致使轴承严重磨损和轴杆折断。

(2) 设计计算

① 反应池容积的设计。

可通过式(2-17)计算反应池容积,反应时间 t 通常取 20~30 min。

② 搅拌器功率的计算。

机械搅拌反应池的絮凝效果主要取决于搅拌器的功率及功率的合理施用。搅拌器功率的大小取决于旋转时各桨板的线速度和桨板面积。以图 2-22 为例,当桨板旋转时,水流对桨板的阻力就是桨板施于水的推力,在桨板 dA 面积上的水流阻力为

$$dF_i = C_D \rho \frac{v_0^2}{2} dA \tag{2-22}$$

式中:dF_i——水流对面积为 dA 的 i 桨板的阻力,N;

C_D——阻力系数,取决于桨板宽长比 b/l,由于 $b/l < 1$ 时 $C_D = 1.1$,而水处理中桨板宽长比通常符合 $b/l < 1$ 的条件,故取 $C_D = 1.1$;

v_0——水流与桨板的相对速度,m/s;

ρ——水的密度,kg/m³。

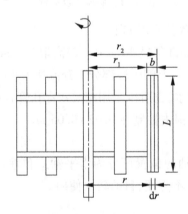

图 2-22 桨板功率计算图

阻力 dF_i 在单位时间内所做的功就是桨板克服水的阻力所消耗的功率,其计算公式为

$$dP_i = dF_i v_0 = C_D \rho \frac{v_0^3}{2} dA = \frac{C_D \rho}{2} \omega_0^3 r^3 l dr \tag{2-23}$$

式中:dP_i——dF_i 在单位时间内所做的功,W;

l——桨板长度,m;

r——旋转半径,m;

ω_0——桨板相对于水的旋转角速度,r/s。

对上式积分可得

$$P_i = \frac{C_D\rho}{8} l\omega_0^3 (r_2^4 - r_1^4) \tag{2-24}$$

由图2-22可知,$r_1 = r_2 - b$(b为桨板宽度),一块桨板的面积$A = lb$,桨板外缘旋转线速度(相对线速度)为$v_{i0} = r_2\omega_0$。将上述关系式代入式(2-24),可得

$$P_i = \frac{C_D\rho}{8} K_i A_i v_{i0}^3 \tag{2-25}$$

$$K_i = 4 + \frac{4b}{r_2} - 6\left(\frac{b}{r_2}\right)^2 - \left(\frac{b}{r_2}\right)^3 \tag{2-26}$$

式中:P_i——叶轮外侧i桨板作用于水流的功率,W;

A_i——i桨板的面积,m^2;

v_{i0}——i桨板外缘相对于水流的旋转线速度,称相对线速度,m/s;

r_2——i桨板外缘旋转半径,m;

K_i——宽径比系数,取决于桨板宽度与桨板外缘旋转半径之比,可按式(2-26)计算求得,也可通过按此式绘制的图2-23查出。

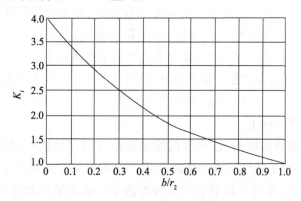

图2-23　K_i与宽径比b/r_2的关系曲线

设计中相对线速度可取用0.75倍的旋转线速度,即i桨板外缘速度$v_i = 0.75v_{i0}$。根据水的密度$\rho = 1000$ kg/m^3可得

$$P_i = 244.4 K_i A_i v_i^3 \tag{2-27}$$

对于旋转轴上任何一块桨板,都可按式(2-27)计算其功率。设叶轮内侧桨板以j符号记,则一根轴上内、外侧全部桨板功率之和P为

$$P = m_i P_i + m_j P_j = 244.4(m_i K_i A_i v_i^3 + m_j K_j A_j v_j^3) \tag{2-28}$$

式中:m_i——外侧桨板数;

m_j——内侧桨板数。

③ $\overline{G}$ 值的计算。

求出每台搅拌器的功率后,分别计算各反应池的速度梯度 G,以3格反应池为例,整个反应池的平均速度梯度 $\overline{G}$ 的计算公式如下:

$$\overline{G}=\sqrt{\frac{1}{3}(G_1^2+G_2^2+G_3^2)}=\sqrt{\frac{P_1+P_2+P_3}{\mu V}} \tag{2-29}$$

式中:P_1,P_2,P_3——每台搅拌器的功率,W;

μ——水的动力黏度,kg·s/m^2;

V——3格反应池的有效总容积(每格容积为 $V/3$),m^3。

第四节 澄清设备

一、澄清设备类型

絮凝和沉淀属于两个单元过程:水中脱稳杂质通过碰撞结合成相当大的絮凝体,然后在沉淀池内下沉。澄清池则将两个过程综合于一个构筑物中完成,主要依靠活性泥渣层达到澄清目的。当脱稳杂质随水流与泥渣层接触时,便被泥渣层阻留下来,使水得以澄清。这种把泥渣层作为接触介质的过程,实际上也是絮凝过程,一般称为接触絮凝。在絮凝的同时,杂质从水中分离出来,清水在澄清池上部被收集。

泥渣层的形成方法:通常是在澄清池开始运转时,在原水中加入较多的混凝剂,并适当降低水力负荷,经过一定时间的运转逐步形成泥渣层。当原水浊度低时,为加速泥渣层的形成也可人工投加黏土。

从泥渣充分利用的角度而言,一般沉淀池的池底沉泥的接触絮凝活性未被完全利用;澄清池则充分利用了活性泥渣的絮凝作用。澄清池采用排泥措施,能不断排除多余的陈旧泥渣,其排泥量相当于新形成的活性泥渣量。故泥渣层始终处于新陈代谢状态中,始终保持接触絮凝的活性。

澄清池形式很多,根据泥渣与废水接触方式的不同可分为泥渣悬浮型和泥渣循环型两大类。前者利用进水的位能连续地或周期地冲击泥渣,使其悬浮,并截留原水中的小絮体,多余的泥渣经沉淀浓缩后排出,典型设备有悬浮澄清池和脉冲澄清池。后者利用搅拌机或射流器使泥渣在竖直方向上不断循环,在循环过程中捕集水中的微小絮粒,并在分离区加以分离,典型设备有机械搅拌澄清池和水力循环澄清池。

几种常用澄清池的特点和适用条件见表2-9。

表 2-9　常用澄清池的特点和适用条件

类型	特点	适用条件
悬浮澄清池	无穿孔底板式构造较简单。双层式加悬浮层,底部开孔,能处理高浊度原水,但需充气水分离器。双层式池较深,对水质、水量变化的适应性较差,处理效果不够稳定	单层池:适用于进水悬浮物含量<3000 mg/L;双层池:适用于进水悬浮物含量3000~10000 mg/L
脉冲澄清池	混合充分、布水均匀;池较浅,需要一套抽真空设备。虹吸式水头损失较大,脉冲周期较难控制,对水质、水量变化的适应性较差,操作管理要求较高	进水悬浮物含量<3000 mg/L,短时间内允许 5000~10000 mg/L;适用于各种规模的水处理厂
机械搅拌澄清池	处理效率高、单位面积产水量大;处理效果稳定、适应性较强,但需要机械搅拌设备;维修较麻烦	进水悬浮物含量<5000 mg/L,短时间内允许 5000~10000 mg/L;适用于中、大型水处理厂
水力循环澄清池	无机械搅拌设备,构筑物简单。但投药量较大,对水质、水温变化的适应性差,水头损失较大	进水悬浮物含量<2000 mg/L,短时间内允许 5000 mg/L;适用于中、小型水处理厂

二、机械搅拌澄清池结构

本节以机械搅拌澄清池为例,介绍其结构和设计。

机械搅拌澄清池的构造如图 2-24 所示,其主要由第一絮凝室、第二絮凝室、导流室及分离室组成。整个池体上部是圆筒形,下部是截头圆锥形。加过凝聚剂的原水在第一絮凝室和第二絮凝室内与高浓度的回流泥渣接触,达到较好的絮凝效果,结成大而重的絮凝体,在分离室中进行分离。实际上,图 2-24 所示只是机械搅拌澄清池的一种形式,其还有多种形式,在此不一一介绍。不过,尽管机械搅拌澄清池的形式不尽相同,但其基本构造和工作原理是相同的。原水由进水管通过环形三角配水槽的缝隙均匀流入第一絮凝室。因原水中可能含有气体,会积在三角配水槽顶部,故应安装透气管。凝聚剂投注点按实际情况和运转经验确定,可加在水泵吸水管内,亦可由投药管加入澄清池进水管、三角配水槽等处,亦可数处同时加注。

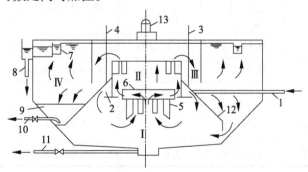

1—进水管;2—三角配水槽;3—透气管;4—投药管;5—搅拌桨;6—提升叶轮;7—集水槽;
8—出水管;9—泥渣浓缩室;10—排泥管;11—放空管;12—排泥罩;13—搅拌轴;Ⅰ—第一絮凝室;
Ⅱ—第二絮凝室;Ⅲ—导流室;Ⅳ—分离室。

图 2-24　机械搅拌澄清池构造

搅拌设备由搅拌桨和提升叶轮组成,提升叶轮装在第一絮凝室和第二絮凝室的分隔处。搅拌设备的作用是:第一,提升叶轮将回流水从第一絮凝室提升至第二絮凝室,使回流水中的泥渣不断在池内循环;第二,搅拌桨使第一絮凝室内的水体和进水迅速混合,泥渣随水流处于悬浮和环流状态。因此,搅拌设备使接触絮凝过程在第一、第二絮凝室内进行得较充分。一般回流流量为进水流量的3~5倍。

搅拌设备宜采用无线变速电动机驱动,以便随进水水质和水量变动而调整回流量或搅拌强度。但是生产实践证明,一般转速为5~7 r/min,平时运转中很少调整搅拌设备的转速,因而也可采用普通电动机通过蜗轮蜗杆变速装置来带动搅拌设备。

第二絮凝室设有导流板(图中未绘出),用以消除由提升叶轮引起的水的旋转,使水流平稳地经导流室流入分离室。分离室中下部为泥渣层,上部为清水层,清水向上经集水槽流至出水槽。清水层须有1.5~2.0 m深度,以便在排泥不当而导致泥渣层厚度变化时,仍可保证出水水质。

向下沉降的泥渣沿锥底的回流缝再进入第一絮凝室,重新参加絮凝,一部分泥渣则自动排入泥渣浓缩室进行浓缩,达到适当浓度后经排泥管排出,以节省排泥所消耗的水量。澄清池底部设放空管,备放空检修之用。必要时也可用放空管排泥。

三、澄清池设计

(一)主要设计参数

由于澄清池为兼具混合、絮凝和分离三种工艺的综合工艺设备,各部分相互牵制、相互影响,所以计算工作往往不能一次完成,必须在设计过程中做相应调整。澄清池主要设计参数见表2-10。

表2-10　澄清池主要设计参数

类型		清水区		悬浮层高度/m	总停留时间/h
		上升流速/($m \cdot s^{-1}$)	高度/m		
机械搅拌澄清池		0.8~1.2	1.5~2.0	—	1.2~1.5
水力循环澄清池		0.7~1.0	2.0~3.0	3.0~4.0(导流筒)	1.0~1.5
脉冲澄清池		0.7~1.0	2.0~2.5	2.0~2.5	1.0~1.3
悬浮澄清池	单层	0.7~1.0	2.0~2.5	2.0~2.5	0.33~0.50(悬浮层) 0.40~0.80(清水区)
	双层	0.6~0.9	2.0~2.5	2.0~2.5	—

(二)设计要点

① 进、出水管流速在1.0 m/s左右。进水管接入环形配水槽后向两侧环流配水,配水槽和缝隙的流速均控制在0.4 m/s左右。

② 澄清池中各分室容积均取决于停留时间。第一、第二絮凝室的停留时间一般控制在 20~30 min。第二絮凝室计算流量为出水量的 3~5 倍(考虑回流)。设计时,第一絮凝室、第二絮凝室和分离室的容积比控制在 2∶1∶7 左右。

③ 第二絮凝室和导流室的流速一般为 40~60 mm/s。第二絮凝室应设导流板,其宽度为池径的 1/10。

④ 集水槽布置应力求避免出现局部上升流速过快或过慢的现象,可选用淹没孔集水槽或三角堰集水槽出水。一般池径小时,只设池壁环形集水槽。池径小于 6 m 时,加设 4~6 条辐射形集水槽;池径大于 6 m 时,加设 6~8 条辐射形集水槽,槽中流速为 0.4~0.6 m/s。穿孔集水槽壁开孔孔径为 20~30 mm,孔口流速为 0.5~0.6 m/s。

穿孔集水槽尺寸计算如下:

穿孔面积为

$$\sum f = \frac{\beta q}{\mu \sqrt{2gh}} \tag{2-30}$$

式中:$\sum f$——穿孔面积,m^2;

$\quad \beta$——超载系数,$\beta = 1.2 \sim 1.5$;

$\quad q$——每个集水槽的流量,m^3/s;

$\quad \mu$——流量系数,对薄壁孔取 0.62;

$\quad g$——重力加速度,取 9.81 m/s^2;

$\quad h$——孔上水头,m。

穿孔集水槽的宽度和高度分别为

$$b = 0.9q^{0.4} \tag{2-31}$$

$$H = b + (7 \sim 8)\text{cm} \tag{2-32}$$

式中:b——穿孔集水槽的宽度,cm;

$\quad H$——穿孔集水槽的高度,设集水槽为正方形,孔口自由落差高度为 7~8 cm。

⑤ 根据澄清池的大小,可设泥渣浓缩斗 1~3 个,泥渣浓缩斗容积为池容积的 1%~4%。当进水悬浮物含量>1000 mg/L 或池径≥24 m 时,应设机械排泥装置;小型池可只用底部排泥管方式排泥。排泥宜用自动定时的电磁阀、电磁虹吸排泥装置或橡皮斗阀,也可用手用自动快开阀。

⑥ 搅拌采用专用叶轮搅拌机。叶轮直径一般为第二絮凝室内径的 0.7~0.8,叶轮外缘线速度为 0.5~1.0 m/s。叶轮提升流量为进水流量的 3~5 倍。

第五节　气浮设备

一、气浮原理

气浮分离工艺必须满足三个基本条件：一是必须向水中释放足够量的高度分散的微小气泡；二是必须使水中的污染物呈悬浮状态；三是必须使气泡与悬浮态污染物产生黏附作用。只有满足这三个条件，才能达到气浮分离的目的。在这三个条件中，最重要的是气泡能够黏附在污染物颗粒或油珠上。这必然涉及气、液、固三相界面的表面张力、界面能和水对悬浮态污染物的润湿性等问题。

在气浮分离过程中，存在气、液、固三相，三相体系的平衡关系如图 2-25 所示。

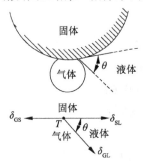

图 2-25　气-固-液三相体系的平衡关系

由图 2-25 可见，在气-固-液三相交界处的 T 点，有三种表面张力在相互作用，δ_{GS} 表示气-固界面张力，δ_{GL} 表示气-液界面张力，δ_{SL} 表示固-液界面张力。δ_{GL} 与 δ_{SL} 之间的夹角 θ 即所谓的接触角。接触角 $\theta<90°$ 者容易被水润湿，称为亲水性物质；$\theta>90°$ 者难以被水润湿，称为疏水性物质。当三相界面的接触角处于相对平衡状态时，三相界面张力的关系可表示为

$$\delta_{SL}=\delta_{GS}+\delta_{GL}\cos(180°-\theta) \tag{2-33}$$

当 $\theta\rightarrow0°$ 时，固体污染物呈现完全亲水性质，这种物质不易和气泡黏附，理论上不能用气浮法处理。当 $\theta\rightarrow180°$ 时，固体表面完全被气体覆盖，呈现疏水性，这种物质易于同气泡黏附，适合采用气浮法处理。对于分散而细小的亲水性颗粒，必须先改变其亲水性使之与气泡相黏附，方可采用气浮法处理。向含有这种颗粒的废水中加入浮选剂即可改变颗粒的亲水性，从而有利于气浮。浮选剂分子一端带有极性基团，另一端带有非极性基团，极性基团可选择性地被亲水物质吸附，非极性基团则朝向水，这样亲水性物质的表面即呈现疏水性，容易黏附在气泡上浮至水面。浮选剂还有促进起泡的作用，可使废水中的空气泡形成稳定的小气泡，对气浮十分有利。表面活性剂是常用的浮选剂。

当向废水中投加混凝剂产生絮体或废水中本来就存在絮体时,若采用气浮法处理,则由于絮体和气泡都有一定的疏水性,它们的比表面积都很大且都有过剩的自由界面能,因此二者会相互吸附而降低各自的表面能。在一定水力条件下,具有较大动能的小气泡因与絮体相互撞击而发生多点吸附,故可提高气浮效率。此外,絮体对微小气泡的网捕和包卷作用对提高气浮效率也大有裨益。

从上述机理的讨论中可以看出,对于以分子或离子态混溶于废水中且在水中呈均相的污染物,可使用化学药剂进行处理,使其转化为具有疏水性且可悬浮的不溶性固体或络合物后,再用气浮法处理。对于废水中的金属离子,可将其转化为氢氧化物或硫化物沉淀,或者投加表面活性剂使其转化为螯合物后,再用气浮法处理。

二、气浮设备类型

气浮设备的功能是提供一定的容积和表面积,使微气泡与水中悬浮颗粒充分混合、接触、黏附,并使带气颗粒与水分离。

常用的气浮设备有平流式和竖流式两种(图2-26、图2-27)。平流式气浮设备是目前最常用的一种型式,其反应池与气浮池合建。废水进入反应池完全混合后,经挡板底部进入气浮接触室以延长絮体与气泡接触的时间,然后由气浮接触室上部进入分离室进行固液分离。池面浮渣由刮渣机刮入集渣槽,清水由底部集水管排出。

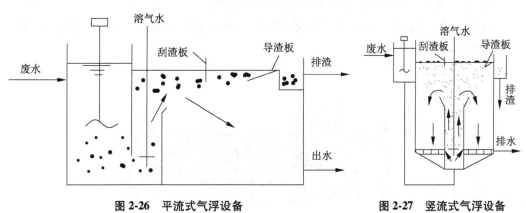

图 2-26　平流式气浮设备　　　　图 2-27　竖流式气浮设备

平流式气浮设备的优点是池身浅、造价低、构造简单、运行方便,缺点是分离部分的容积利用率不高。

三、气浮设备结构

在水处理工艺中采用的气浮设备,按水中产生气泡的方式不同可分为布气气浮设备、溶气气浮设备和电解气浮设备等几种类型。

（一）布气气浮设备

布气气浮设备是利用机械剪切力,将混合于水中的空气粉碎成微细气泡,从而进行气浮的设备。按空气气泡粉碎方法的不同,布气气浮设备又可分为水泵吸水管吸气气浮设备、射流气浮设备、叶轮气浮设备和扩散板曝气气浮设备四种。

1. 水泵吸水管吸气气浮设备

利用水泵吸水管部位的负压作用,在水泵吸水管上开一小孔,并装上进气量调节阀和计量仪表,空气遂进入水泵吸水管,在水泵叶轮的高速搅拌和剪切作用下形成气水混合体,进入气浮池实现液-固或液-液分离。

这种气浮设备虽然构造简单,但由于水泵特性限制,吸入空气量不会过多,一般不大于吸水量的10%(按体积计)。当吸入空气量过大时,水泵将产生气蚀,此时泵的流量和扬程急剧下降,并伴有噪声和振动,严重时会在短时间内损坏水泵装置。此外,气泡在水泵内破碎不够完全,粒度大,因此气浮效果不好。这种设备用于处理通过隔油池后的石油污水,除油效率一般为50%~60%。

2. 射流气浮设备

射流器的结构如图2-28所示。由喷嘴射出的高速废水使吸入室形成负压,吸入室从吸气管吸入空气,气水混合体进入喉管段后进行激烈的能量交换,空气被粉碎成微小气泡,然后进入扩压段(扩散段),动能转化为势能,气泡进一步被压缩,增大了其在水中的溶解度,然后进入气浮池中进行泥水分离,即气浮过程。

射流气浮法的优点是设备比较简单,投资少;缺点是动力损耗较大、效率低、喷嘴及喉管处较易被油污堵塞。

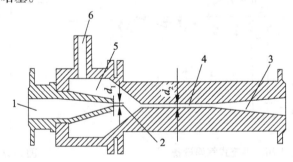

1—喷嘴;2—渐缩段;3—扩散段;4—喉管段;5—吸入室;6—吸气室。

图2-28 射流器结构

3. 叶轮气浮设备

叶轮气浮设备如图2-29所示。在气浮设备底部设有旋转叶轮,叶轮上装着带有导向叶片的固定盖板,盖板上有孔洞。当电动机带动叶轮旋转时,盖板下形成负压,空气从空气管被吸入,废水由盖板上的小孔进入。在叶轮的搅动下,空气被粉碎成细小的气泡,并与水充分混合成为气水混合体,被甩至导向叶片之外。导向叶片使水流阻力减小,水流经整流板稳流后,在池体内平稳地垂直上升,进行气浮。污物不断地被刮沫板刮出池外。

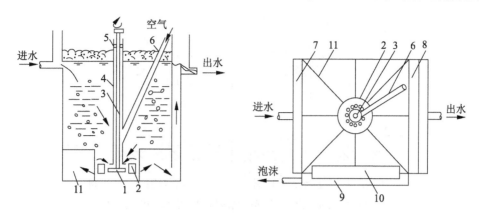

1—叶轮；2—盖板；3—转轴；4—轮套；5—轴承；6—进气管；

7—进水槽；8—出水槽；9—泡沫槽；10—刮沫板；11—整流板。

图 2-29　叶轮气浮设备结构

这种气浮设备为正方形结构，叶轮直径一般为 200~400 mm，最大不超过 600~700 mm，叶轮转速为 900~1500 r/min。气浮设备的有效水深一般为 1.5~2.0 m，最大不超过 3.0 m。

叶轮气浮设备的优点是不易堵塞，适用于处理水量不大，污染物浓度较高的废水；缺点是其产生的气泡较大，气浮效果较差。

4. 扩散板曝气气浮设备

扩散板曝气气浮是以前应用最为广泛的一种充气气浮法。压缩空气通过具有微细孔隙的扩散板或微孔管，以细小气泡的形式进入水中，进行浮选。这种方法的优点是简单易行，但缺点较多，主要是空气扩散装置的微孔易堵塞、气泡较大、气选效果不好，因此近年已较少使用。

（二）溶气气浮设备

溶气气浮设备可分为溶气真空气浮设备和加压溶气气浮设备两种。溶气真空气浮设备是使空气在常压或加压条件下溶于水中，而在负压条件下从水中析出的气浮设备。该设备能得到的空气量因受所能达到的真空度（一般运行真空度为 40 kPa）的影响，析出的气泡数量很有限，只适用于污染物浓度不高的废水，且设备构造复杂、运行维修管理不便，目前已逐渐被淘汰。加压溶气气浮设备是目前应用最广泛的一种气浮设备，适用于废水处理（尤其是含油废水的处理）、污泥浓缩及给水处理。

加压溶气气浮设备是将原水加压，同时加入空气，使空气溶解于水，然后骤然减至常压，溶解于水的空气以微小气泡（气泡直径为 20~100 μm）的形式从水中析出，使水中的悬浮颗粒浮于水面，从而实现污染物的气浮分离。

加压溶气气浮设备主要由空气饱和设备、空气释放及与原水相混合的设备、固-液或液-液分离设备三部分组成。根据原水中所含悬浮物的种类、性质、处理要求不同，加压溶气气浮可分为全部加压溶气气浮、部分加压溶气气浮和回流加压溶气气浮三种形式，其工艺流程如图 2-30 至图 2-32 所示。

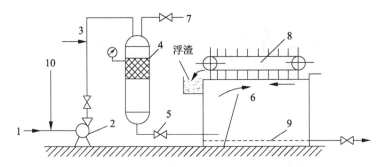

1—废水；2—加压水泵；3—空气；4—压力溶气罐；5—减压阀；
6—气浮池；7—泄气阀；8—刮渣机；9—出水；10—药剂。

图 2-30　全部加压溶气气浮工艺流程

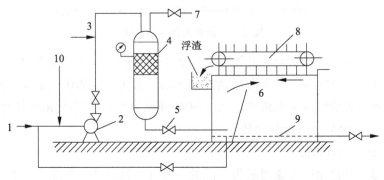

1—废水；2—加压水泵；3—空气；4—压力溶气罐；5—减压阀；
6—气浮池；7—泄气阀；8—刮渣机；9—出水；10—药剂。

图 2-31　部分加压溶气气浮工艺流程

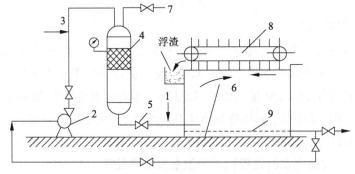

1—废水；2—加压水泵；3—空气；4—压力溶气罐；
5—减压阀；6—气浮池；7—泄气阀；8—刮渣机；9—出水。

图 2-32　回流加压溶气气浮工艺流程

（三）电解气浮设备

电解气浮是用不溶性阳极和阴极直接电解废水，靠产生的氢气和氧气的微小气泡使水中颗粒状污染物浮至水面进行分离的一种技术。电解法产生的气泡尺寸小于溶气气浮和布气气浮产生的气泡尺寸，不产生紊流。该方法可去除的污染物范围广，不仅具有降低 BOD$_5$ 的作用,还有氧化、脱色和杀菌作用,生成污泥量少、设备占地面积小、不产生噪声。近年来,电解气浮设备在处理水量较小的场合得到应用,但由于电耗、操作管理及电极结垢、损耗大等问题,较难适应处理水量大的场合。

四、气浮设备的设计

(一)加压溶气气浮设备的设计计算

加压溶气气浮设备设计计算的主要内容包括气浮所需空气量、溶气罐尺寸和气浮池的主要尺寸等。

1. 气浮所需空气量 q_{vc}

当有试验资料时,可用下式计算:

$$q_{vc}=q_v R' a_c \psi \tag{2-34}$$

式中:q_v——设计水量,m^3/h;

R'——试验条件下的回流比,%;

a_c——试验条件下的释气量,L/m^3;

ψ——水温校正系数,取 1.1~1.3(主要考虑水的黏滞度影响,试验时水温与冬季水温相差大者取高值)。

当无试验资料时,可根据气固比(A/S)进行估算,计算公式如下:

$$\frac{A}{S}=\frac{1.3C_u(fp_o+14.7f-14.7)q_{vr}}{14.7q_v\rho_m} \tag{2-35}$$

式中:A/S——气固比(g 释放的气体/g 悬浮固体),一般为 0.005~0.006,当悬浮固体浓度较高时取上限,如剩余污泥气浮浓缩时,气固比采用 0.03~0.04;

1.3——1 mL 空气的质量,mg;

C_u——某一温度下的空气溶解度;

f——压力为 p 时,水中的空气溶解系数,一般为 0.5~0.8(通常取 0.5);

p_o——压力表读数,kPa;

q_{vr}——加压回流量,m^3/h;

q_v——设计水量,m^3/h;

ρ_m——待处理废水的悬浮固体浓度,mg/L。

2. 溶气罐尺寸

① 溶气罐直径 D_d。

选定过流密度 I 后,溶气罐直径按下式计算:

$$D_d=\sqrt{\frac{4q_{vr}}{\pi I}} \tag{2-36}$$

一般对于空罐,I 取 1000~2000 m^2/(m^2·d);对于填料罐,I 取 2500~5000 m^2/(m^2·d)。

② 溶气罐高 h。

$$h = 2h_1 + h_2 + h_3 + h_4 \tag{2-37}$$

式中：h_1——罐顶、罐底封头高度（根据罐直径而定），m；

h_2——布水区高度，一般取 $0.2 \sim 0.3$ m；

h_3——贮水区高度，一般取 1.0 m；

h_4——填料层高度，当采用阶梯环时，可取 $1.0 \sim 1.3$ m。

3. 气浮池尺寸

① 接触室的表面积 A_c：在选定接触室中水流的上升流速 v_c 后按下式计算。

$$A_c = \frac{q_v + q_{vr}}{v_c} \tag{2-38}$$

② 接触室的容积：一般应按停留时间大于 60 s 进行复核。

③ 分离室的表面积 A_s：在选定分离速度（分离室的向下平均水流速度）v_s 后按下式计算。

$$A_s = \frac{q_v + q_{vr}}{v_s} \tag{2-39}$$

对于矩形池子，分离室的长宽比一般取 $1 : 1 \sim 2 : 1$。

④ 气浮池的净容积 V：在选定池的平均水深 H（指分离室深）后按下式计算。

$$V = (A_c + A_s)H \tag{2-40}$$

以池内停留时间 t 进行校核，一般要求 t 为 $10 \sim 20$ min。

（二）平流式电解气浮设备的设计计算

电解气浮设备的设计包括确定设备总容积、电极室容积、气浮分离室容积、气浮池结构尺寸及电气参数。如图 2-33 所示，以双室平流式电解气浮池为例，介绍其工艺设计与计算。

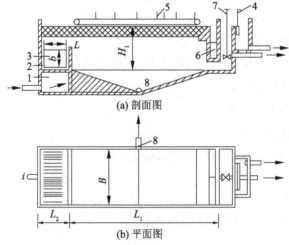

(a) 剖面图

(b) 平面图

1—入流室；2—整流栅；3—电极组；4—出口水位调节器；5—刮渣机；

6—浮渣室；7—排渣阀；8—污泥排出管。

图 2-33　双室平流式电解气浮设备

1. 气浮池宽度与刮渣板宽度

对于不同处理能力的设备,气浮池宽度与刮渣板宽度可按表 2-11 选用。

表 2-11　气浮池宽度与刮渣板宽度

处理污水量/$(m^3 \cdot h^{-1})$	宽度/mm	
	气浮池	刮渣板
<90	2000	1975
90~120	2500	2475
121~130	3000	2975

2. 电极板块数 n

$$n = \frac{B - 2l + e}{\delta + e} \tag{2-41}$$

式中:B——电解池有效宽度,mm;

　　l——极板面与池壁的距离,取 100 mm;

　　e——极板净距,取 15~20 mm;

　　δ——极板厚度,取 6~10 mm。

3. 电极作用表面积 S

$$S = \frac{EQ}{i} \tag{2-42}$$

式中:E——比电流,$A \cdot h/m^3$;

　　Q——设计流量,m^3/h;

　　i——电极电流密度,A/m^2。

通常,E,i 的值应通过试验确定,也可按表 2-12 取值。

表 2-12　不同废水的 E,i 的值

废水种类		$E/(A \cdot h \cdot m^{-3})$	$i/(A \cdot m^{-2})$
皮革废水	铬鞣剂	300~500	50~100
	混合鞣剂	300~600	50~100
皮毛废水		100~300	50~100
肉类加工废水		100~270	100~200
人造革废水		15~20	40~80

4. 单块极板面积 A

$$A = \frac{S}{n-1} \tag{2-43}$$

5. 电极室总高度 H

$$H = h_1 + h_2 + h_3 \qquad (2\text{-}44)$$

式中：h_1——澄清层高度，取 $1.0 \sim 1.5$ m；

$\quad h_2$——浮渣层高度，取 $0.4 \sim 0.5$ m；

$\quad h_3$——超高，取 $0.3 \sim 0.5$ m。

6. 气浮分离时间 t

t 由试验确定，一般为 $0.3 \sim 0.75$ h。

7. 电解气浮池容积 V

电极室容积为

$$V_1 = BHL \qquad (2\text{-}45)$$

式中：B——电极室有效宽度，m；

$\quad L$——电极室有效长度，m。

分离室容积为

$$V_2 = Qt \qquad (2\text{-}46)$$

电解气浮池容积为

$$V = V_1 + V_2 \qquad (2\text{-}47)$$

（三）叶轮气浮设备的设计计算

① 气浮池总容积 W 为

$$W = \alpha Q t \qquad (2\text{-}48)$$

式中：W——气浮池总容积，m^3；

$\quad \alpha$——系数，一般取 $1.1 \sim 1.4$，多取较大值；

$\quad Q$——设计流量，m^3/min；

$\quad t$——气浮延续时间，一般为 $16 \sim 20$ min。

② 气浮池总面积 F 为

$$F = \frac{W}{h} \qquad (2\text{-}49)$$

$$h = \frac{H}{\rho} \qquad (2\text{-}50)$$

$$H = \varphi \frac{u^2}{2g} \qquad (2\text{-}51)$$

式中：F——气浮池总面积，m^2；

$\quad h$——气浮池的工作水深，m；

$\quad H$——气浮池的静水压力，m；

$\quad \rho$——气水混合体的容重，一般为 0.67 kg/L；

$\quad \varphi$——压力系数，其值为 $0.2 \sim 0.3$；

$\quad u$——叶轮的圆周线速度，m/s。

气浮池多设计为正方形,边长不宜超过叶轮直径的 6 倍,即 $l \leqslant 6D$(D 为叶轮直径)。因此,每个气浮池的表面积一般取 $f = 36D^2$。

③ 平行工作的气浮池数目(或叶轮数)m' 为

$$m' = \frac{F}{f} \tag{2-52}$$

式中:m'——平行工作的气浮池数目;

　　　f——每个气浮池的表面积,m^2。

④ 单个叶轮能够吸入的气水混合体量 q 为

$$q = \frac{Q \times 1000}{60m'(1-\alpha)} \tag{2-53}$$

式中:q——单个叶轮能够吸入的气水混合体量,L/s;

　　　α——曝气系数,可根据试验确定,一般取 0.35。

⑤ 叶轮转速 n 为

$$n = \frac{60u}{\pi D} \tag{2-54}$$

式中:n——叶轮转速,r/min。

⑥ 叶轮所需功率 N 为

$$N = \frac{\rho H q}{\eta} \tag{2-55}$$

式中:N——叶轮所需功率,W;

　　　η——叶轮效率,一般取 0.2~0.3。

⑦ 电机功率可取 $1.2N$。

第六节　磁分离设备

一、磁分离的原理

磁分离是一种利用磁场力截留废水中污染物的固液分离方法。分离的效率取决于磁场力、物质的磁性和流体动力学特性。

在磁分离操作时,水中磁性粒子同时受磁场吸引力和外力(重力、粒子相互作用力等)的作用。当磁力小于外力合力时,粒子被水带走,反之则被磁性物质捕获而从水中分离出来。水处理中,磁分离主要应用于:① 去除钢铁工业废水中的磁性及非磁性悬浮物;② 去除重金属离子;③ 去除废水中的有机物和植物营养元素;④ 去除生活污水中的细菌和病毒;⑤ 去除废水中的油类物质。

根据物质的磁力性质,水中污染物可分为三类:

① 抗磁性物质:本身无磁性,在外磁场作用下产生的附加磁场与外磁场方向相反,这类物质必须采用特殊的磁化技术才能进行磁分离。

② 顺磁性物质:本身无磁性,在外磁场作用下产生与外磁场方向一致的附加磁场,如锰、铜、铬、钡等,可用高梯度磁分离装置除去。

③ 铁磁性物质:这类物质中存在排列杂乱无章的磁场,对外不显磁性,在外磁场作用下,物质内部所有磁场与外磁场取向一致,磁场强度随外磁场的增大而增大,当增大到某一限度即达磁饱和,即使再增大外磁场,其磁场强度也不再增大。铁磁性物质容易磁化,可直接采用磁分离法除去。铁质悬浮物、氧化铁、铁、钴、镍及其合金等均属此类。

各种物质的磁性差异正是磁分离技术的基础。物质的磁性强弱可用磁化率表示。

二、磁分离设备

磁分离设备按工作原理不同可分为高梯度磁分离器、磁凝聚分离装置和磁盘分离机;按产生磁场的方法不同可分为永磁磁分离设备和电磁磁分离(包括超导电磁磁分离)设备;按工作方式不同可分为连续式磁分离设备和间断式磁分离设备。

(一)高梯度磁分离器

1. 高梯度磁分离器的工作原理

高梯度磁分离器的构造如图2-34所示。它是一个空心线圈,内部装有一个圆筒状容器,其内填充磁性介质以封闭磁回路,在线圈外有作为磁回路的轭铁,轭铁用厚软铁板制成,以减少直流磁场产生的涡流。为使圆筒容器内部形成均匀磁场固定填充磁性介质,需在介质的上、下两端装置磁片。

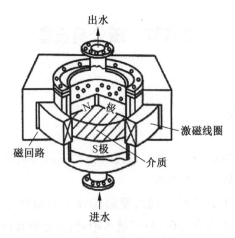

图 2-34 高梯度磁分离器的构造

磁场中磁通变化越大,即磁力线密度变化越大,磁场梯度就越高。高梯度磁分离过滤就是在均匀磁场内,装填表面曲率半径极小的磁性介质,磁性介质表面就会产生局部性的疏密磁力线,从而构成高梯度磁场,如图2-35所示,产生的高梯度磁场对分离器中的颗粒进行捕集,让水流通过,从而实现分离过滤的过程。因此,产生高梯度磁场不仅需要高的磁场强度,而且要有适当的磁性介质。可用作磁性介质的有不锈钢毛及用软铁制成的齿板、铁球、铁钉、多孔板等。

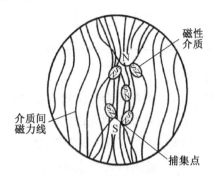

图 2-35　高梯度磁场对颗粒的作用

对磁性介质的要求如下:

① 可产生高的磁场梯度。以不锈钢毛为例,某根不锈钢毛附近产生的磁场梯度与不锈钢毛直径成反比,因此不锈钢毛直径要小。例如,捕集粒径为 $1 \sim 10 \ \mu m$ 的颗粒,不锈钢毛的最佳直径为 $3 \sim 30 \ \mu m$。

② 可提供大量的颗粒捕集点。不锈钢毛越细,捕获表面积越大,同时捕集点也越多。当不锈钢毛半径为颗粒半径的 2.96 倍时,磁场对磁性颗粒的作用力最大。

③ 孔隙率大,阻力小,以便于水流通过。不锈钢毛一般可使孔隙率达到95%。

④ 剩磁强度低,退磁快,以使外磁场除去后易于将附着在磁性介质上的颗粒冲洗下来。

⑤ 应具有一定的机械强度和耐腐蚀性,以利于长期过滤,并且冲洗后不应产生折断、压实等妨碍正常工作的形变。

2. 高梯度磁分离器的设计参数及注意问题

为了正确设计和使用高梯度磁分离器,应注意以下几个问题。

(1) 磁场强度

所需的磁场强度应根据待处理水中悬浮物的磁性而定。对于钢铁厂废水,磁场强度为 0.3 T 左右;对于铸造厂废水,磁场强度为 0.1 T 左右。而处理河水或其他弱磁性物质时,则要求磁场强度达到 0.5 T 以上,投加磁性种子则要求磁场强度达到 0.3 T 左右。

(2) 磁性介质

按磁场梯度大、吸附面积大、捕集点多、阻力小、剩磁强度低的要求,以不锈钢毛为磁性介质最好。不锈钢毛直径为 $10 \sim 100 \ \mu m$。几种不锈钢毛的质量组成见表2-13。

表 2-13　几种不锈钢毛的质量组成　　　　　　　　　　　%

组分		铬	锰	硅	碳	硫	钴	镍	钼	铜	铁
种类	1	9~20	0.01~1.0	0.01~3.0	0.01~0.04	0.15~1.0	0.02~1.0	—	—	—	其余
	2	16.8	0.55	0.46	0.075	0.015	—	—	—	—	其余
	3	29.10	0.64	0.29	0.28	—	—	<0.10	<0.05	0.11	其余

（3）磁性介质的悬浮物（SS）负荷

随着分离器工作时间的延长,磁性颗粒会逐渐聚集在磁性介质内,堵塞水流通道,减少捕集点,使分离效率下降。当分离效率降到允许的下限值时,捕集颗粒的总量（干燥时的质量）和磁性介质的体积比称为磁性介质的 SS 负荷（Q）。

$$Q = \frac{捕集颗粒的总量(\text{g})}{磁性介质的体积(\text{cm}^3)} \tag{2-56}$$

当颗粒为强磁性物质时,Q 为 5~7 g/cm^3;当颗粒为顺磁体时,Q 为 1~1.2 g/cm^3。

（4）滤速

滤速一般可采用 100~500 m/h。

（5）电源

采用硅整流直流电源,电源功率由所需的磁场强度决定。

3. 高梯度磁分离器的设计步骤

高梯度磁分离器的具体设计步骤如下:

① 根据悬浮物的比磁化率,选定滤速。对于强磁性颗粒,应选用较高滤速,如 500 m/h;对于顺磁性颗粒,应选用较低滤速,如 100 m/h。

② 根据处理水量和滤速选定过滤器筒体内径,同时确定线圈内径。磁性介质孔隙率取 95%。

③ 根据废水的悬浮物浓度、处理水量和磁性介质体积核算磁性介质负荷。如果负荷大于适宜值,应适当增加过滤器的直径或长度,以便增加磁性介质的体积。

④ 根据要求达到的磁场强度,确定可选用的导线。当磁场强度小于 0.2 T 时,一般可用实心扁铜线,强迫风冷;当磁场强度大于 0.2 T 时,宜用空心铜导线,水冷却。然后根据技术经济条件,初步确定可供选用的电源,并对电源容量和导线规格进行选择。

⑤ 线圈圈数可用下式计算。

$$N = \frac{B\sqrt{4r^2 + L^2}}{10\mu_0 I} \tag{2-57}$$

式中:N——线圈的圈数;

　　r——线圈半径,cm;

　　L——线圈长度,cm;

　　I——电流强度,A;

　　　　　B——线圈内中心所要求的磁感应强度,T。

$$B=\mu_0 H \tag{2-58}$$

式中:μ_0——磁介质磁导率,H/m;

　　　H——磁场强度,(1000/4π) A/m。

　　⑥ 线圈圈数 N 确定后,根据所需的绕线高度及导线外径,算出每层线圈数、层数及线圈外径。

(二)磁凝聚装置

　　磁凝聚装置由磁体、磁路构成。磁体可以是永久磁铁或电磁线圈,因此磁凝聚装置可分为永磁凝聚装置和电磁凝聚装置两种。永磁凝聚装置每一侧的磁块同极性排列,以构成均匀的磁场;电磁凝聚装置则用导线绕制成线圈,通直流电,产生磁场。磁凝聚装置工作时,废水通过磁场,水中磁性颗粒物被磁化,形成如同具有 N 极和 S 极的小磁体。由于磁场梯度为零,因此颗粒所受合力为零,不被磁体捕集,但颗粒间却相互吸引,聚集成大颗粒;当废水通过磁场后,由于磁性颗粒有一定的矫顽力,因此能继续产生凝聚作用。为了防止磁体表面大量沉积,堵塞通路,废水通过磁场的流速应大于 1 m/s,在磁场中仅需停留 1 s 左右。磁凝聚常用作提高沉淀池或磁盘工作效率的一种预处理方法。

(三)磁盘分离机

　　磁盘分离机的磁盘底板由不锈钢制成,在底板的两面,按极性交错、单层密排的方式黏结数百至上千块永久磁块,然后再用铝板或不锈钢板覆面。磁盘转动时,盘面下部浸入水中,磁性颗粒被吸到盘面上,当这部分盘面转出水面后,上面的泥渣被刮刀刮下,落入 V 形槽中排走。在磁盘的磁场强度、磁场梯度一定的条件下,只能依靠增大颗粒粒径来提高颗粒的去除效率,因此,在实际废水处理中,常将磁盘与磁凝聚或药剂絮凝联合使用。

第七节　过滤设备

一、过滤机理、滤池与滤料

　　过滤在水处理技术中一般是指用由石英砂等粒状材料组成的滤料层截留水中的悬浮杂质,从而使水变得澄清的工艺过程。它是目前城镇给水处理系统中一个不可缺少的重要环节,而且随着废水处理要求的日益提高,以及处理后的废水再利用,过滤被广泛应用于废水深度处理,如用于活性炭吸附和离子交换等深度处理过程之前,化学混凝和生化处理之后等。

　　滤池的形式多种多样,按滤料分层的情况,滤池可分为单层滤池、双层滤池和多层滤池;按作用水头,可分为有重力式滤池(作用水头 4~5 m)和压力滤池(15~20 m);按进、出水及反冲洗水的供给与排出方式,可分为快滤池、虹吸滤池和无阀滤池。尽管滤池的形式各异,但各种滤池的基本构造和工作过程是相似的。

(一)过滤内部涉及的过程机理

快滤池分离悬浮颗粒涉及多种因素和过程,包括迁移过程、附着过程和脱落过程。

1. 迁移过程

悬浮颗粒脱离流线而与滤料接触的过程,就是迁移过程。引起悬浮颗粒迁移的原因主要有以下几种。

(1)筛滤

比滤层孔隙大的悬浮颗粒被机械筛分,截留于过滤表面上,然后这些被截留的悬浮颗粒形成孔隙更小的滤饼层,使过滤水头增加,甚至发生堵塞。显然,这种表面筛滤没能发挥整个滤层的作用。但在普通快滤池中,悬浮颗粒一般都比滤层孔隙小,筛滤对总去除率贡献不大。

(2)拦截

随流线流动的小颗粒在流线汇聚处与滤料表面接触。其去除率与颗粒直径的平方成正比,与滤料粒径的立方成反比。

(3)惯性

当流线绕过滤料表面时,具有较大动量和密度的悬浮颗粒因惯性冲击而脱离流线碰撞到滤料表面上。

(4)沉淀

若悬浮颗粒的粒径和密度较大,则存在沿重力方向的相对沉淀速度。在净重力作用下,悬浮颗粒偏离流线沉淀到滤料表面上。此时,滤层中的每个小孔隙都起着浅层沉淀池的作用。沉淀效率取决于悬浮颗粒沉淀速度和过滤水速的相对大小和方向。

(5)布朗运动

微小悬浮颗粒(如粒径 $d<1\ \mu m$ 的颗粒)由于布朗运动而扩散到滤料表面。

(6)水力作用

由于滤层中的孔隙和悬浮颗粒的形状是极不规则的,因此在不均匀的剪切流场中,悬浮颗粒受到不平衡力的作用不断地转动而偏离流线。

在实际过滤中,悬浮颗粒的迁移将受到上述各种作用的影响,它们的相对重要性取决于水流状况、滤层孔隙形状及悬浮颗粒本身的性质(粒度、形状、密度等)。

2. 附着过程

与滤料接触的悬浮颗粒附着在滤料表面上不再脱离,就是附着过程。引起颗粒附着的原因主要有以下几种。

(1)接触凝聚

在原水中投加凝聚剂,压缩悬浮颗粒和滤料颗粒表面的双电层后,在尚未生成微絮凝体时,立即进行过滤。此时,水中脱稳的胶体很容易与滤料表面发生接触凝聚作用。快滤池操作通常投加凝聚剂,因此接触凝聚是主要附着原因。

（2）静电力

颗粒表面上的电荷和由此形成的双电层产生静电引力和斥力。悬浮颗粒和滤料颗粒带异种电荷则相吸,反之则相斥。

（3）吸附

悬浮颗粒细小,具有很强的吸附趋势,吸附作用也可能通过凝聚剂的架桥作用实现。絮凝体的一端附着在滤料表面,而另一端附着在悬浮颗粒上。

（4）分子引力

原子、分子间的引力在悬浮颗粒附着时起重要作用。分子引力可以叠加,其作用范围有限(通常小于 50 μm),分子引力与两分子间距的 6 次方成反比。

3. 脱落过程

普通快滤池通常用水进行反冲洗,有时先用压缩空气或同时用压缩空气和水进行辅助表面冲洗。在反冲洗时,滤层膨胀到一定高度,滤料处于流化状态。被截留和附着于滤料上的悬浮物受到高速反冲洗水流的冲刷而脱落;滤料颗粒在水流中旋转、碰撞和摩擦,也使悬浮物脱落。反冲洗效果主要取决于冲洗强度和冲洗时间。当采用同向流冲洗时,还与冲洗流速的变动有关。

（二）滤池与滤料

1. 滤池种类

用于过滤废水的快滤池按所用滤床层数不同分为单层滤料滤池、双层滤料滤池和三层滤料滤池,如图 2-36 所示。

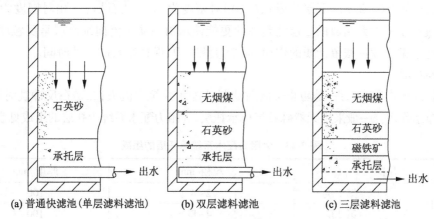

(a) 普通快滤池(单层滤料滤池)　　(b) 双层滤料滤池　　(c) 三层滤料滤池

图 2-36 快滤池的种类

（1）单层滤料滤池

一般单层滤料滤池适用于给水,在废水处理中仅适用于处理一些较清洁的工业废水。经验表明,当用于废水二级处理出水时,由于滤料粒径过细,短时间内会在砂层表面发生堵塞。因此,用于废水二级处理出水的单层滤料滤池应采用另外两种形式。一种是单层粗砂深层滤床滤池,特别适用于生物膜硝化和脱氮系统,滤床滤料粒径通常为 1~2 mm(最大使用到 6 mm),滤床厚 1~3 m,滤速达 3.7~37 m/h,并尽可能采用均匀滤料。

由于所用粒径较粗,因此即使废水所含颗粒较大,当滤速很大时也能取得较好的过滤效果。另一种是单层滤料不分层滤床。粒径大小不同的单一滤料均匀混合组成滤床,与气水反冲洗联合使用。气水反冲洗时只发生膨胀,膨胀率约为10%,不使滤床发生水力筛分分层现象,因此滤床在整个深度上孔隙大小分布均匀,有利于增强下部滤床去除悬浮杂质的能力。不分层滤床的有效粒径与双层滤料滤池上层滤料的粒径大致相同,通常为1~2 mm,并保持池深与粒径比在800以上。

（2）双层滤料滤池

组成双层滤料滤池的滤料种类如下:无烟煤和石英砂;陶粒和石英砂;纤维球和石英砂;活性炭和石英砂;树脂和石英砂;树脂和无烟煤等。以无烟煤和石英砂组成的双层滤料滤池使用最为广泛。双层滤料滤池属于反粒度过滤,截留杂质能力强,杂质穿透深,产水能力强,适用于废水过滤处理。

新型普通双层滤料滤池有两种:一种是均匀-非均匀双层滤料滤池,将普通双层滤料滤池上层的滤料改为均匀粗滤料,即可进一步提高双层滤料滤池的生产能力和截污能力。上层均匀滤料可采用均匀陶粒,也可采用均匀煤粒、塑料颗粒。均匀-非均匀双层滤料的厚度与普通双层滤料滤池相同。另一种是均匀双层滤料滤池,上层采用1~2 mm的均匀陶粒或煤粒,下层采用0.7~0.9 mm的石英砂。滤床厚度与普通双层滤料滤池相同或稍厚一些,池深与粒径比大于800~1000。

（3）三层滤料滤池

三层滤料滤池最普遍的形式是上层为无烟煤(相对密度为1.5~1.6),中层为石英砂(相对密度为2.6~2.7),下层为磁铁矿(相对密度为4.7)或石榴石(相对密度为4.0~4.2)。这种借密度差组成的三层滤料滤池更能使水由粗滤层流向细滤层呈反粒度过滤,使整个滤层都能发挥截留杂质的作用,减少过滤阻力,保持很长的过滤时间。

2. 承托层

承托层的作用有二:一是防止过滤时滤料从配水系统中流失;二是在反冲洗时起一定的均匀布水作用。一般采用天然砾石组成承托层,大阻力配水系统承托层的组成见表2-14。

表2-14　大阻力配水系统承托层的组成

层次		粒径/mm	厚度/mm
上↓下	第1层	2~4	100
	第2层	4~8	100
	第3层	8~16	100
	第4层	16~32	100

3. 滤料的选择

滤料的种类、性质、形状和级配等是决定滤层截留杂质能力的重要因素。滤料的选择应满足以下要求:

①滤料必须具有足够的机械强度,以免在反冲洗过程中很快地磨损和破碎。一般磨

损率应小于4%,破碎率应小于1%,磨损率与破碎率之和应小于5%。

② 滤料的化学稳定性要好。

③ 滤料应不含有毒和对人体健康有害的物质,不含对生产有害、影响生产的物质。

④ 应尽量采用吸附能力强、截污能力强、产水量高、过滤出水水质好的滤料,以利于提高水处理厂的技术经济效益。

此外,选用滤料宜价廉、货源充足和就地取材。具有足够的机械强度、化学稳定性好和对人体无害的分散颗粒材料均可作为水处理滤料,如石英砂、无烟煤粒、矿石粒,以及人工生产的陶粒、瓷料、纤维球、塑料颗粒、聚苯乙烯泡沫珠等。

二、过滤配水系统

配水系统的作用是均匀收集滤后水,更重要的是均匀分配反冲洗水。配水系统的合理设计是滤池正常工作的重要保证。通常采用的配水系统有:① 由干管和穿孔支管组成的大阻力系统(图 2-37),其水头损失>3 m;② 由滤板、格栅、滤头等组成的小阻力系统(图 2-38),1 m² 滤板配置36~50 个滤头,滤头缝隙总面积为滤池面积的0.9%~1.25%。

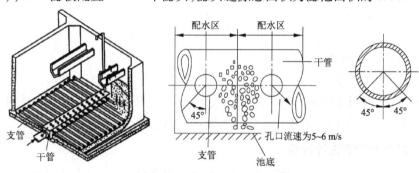

图 2-37　管式大阻力配水系统

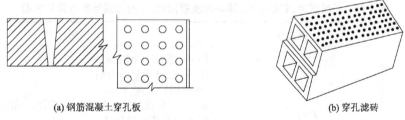

(a) 钢筋混凝土穿孔板　　　　　　　　　　(b) 穿孔滤砖

图 2-38　小阻力配水系统

三、滤池的设计

(一)普通快滤池的设计计算

1. 滤速与滤池面积

普通快滤池用于处理较清洁废水时,可采用 5~12 m/h 滤速;粗砂快滤池用于处理废水时,可采用 3.7~37 m/h 滤速;双层滤料滤池采用 4.8~24 m/h 滤速;三层滤料滤池的滤速一般可与双层滤料滤池相同。

滤池面积按下式计算:

$$F = \frac{Q}{vT} \tag{2-59}$$

式中:F——滤池总面积,m^2;

$\quad\;\; Q$——设计日废水量,m^3/d;

$\quad\;\; v$——滤速,m/h;

$\quad\;\; T$——滤池的实际工作时间,h。

$$T = T_0 - t_0 - t_1 \tag{2-60}$$

式中:T_0——滤池的工作周期,h;

$\quad\;\; t_0$——滤池停运后的停留时间,h;

$\quad\;\; t_1$——滤池反冲洗时间,h。

2. 滤池个数及尺寸

滤池的个数一般应通过技术经济比较来确定,但不应少于两个,单个滤池面积为

$$f = \frac{F}{N} \tag{2-61}$$

式中:f——单个滤池面积,m^2;

$\quad\;\; N$——滤池的个数。

当单个滤池面积≤30 m^2 时,长宽比一般为 1:1;当单个滤池面积>30 m^2 时,长宽比为(1.25:1)~(1.5:1)。当采用旋转式表面冲洗措施时,长宽比为 1:1,2:1 或 3:1。

(二)其他滤池的设计计算

无阀滤池、虹吸滤池、移动冲洗罩滤池、上向流滤池的计算公式见表 2-15。

表 2-15 无阀滤池、虹吸滤池、移动冲洗罩滤池、上向流滤池的计算公式表

滤池	计算公式	说明
无阀滤池	$F = \alpha \dfrac{Q}{v}$ $H' = \dfrac{60Fqt}{1000F'}$	F——滤池净面积,m^2; Q——设计水量,m^3/h; v——设计滤速,m/h; α——考虑反冲洗水量增加的部分,一般取 1.05; H'——冲洗水箱高度,m; t——冲洗时间,min; q——反冲洗强度,$L/(s \cdot m^2)$; F'——冲洗水箱净面积,m^2,$F' = f + f_2$; f——单格面积,m^2; f_2——连通渠及斜边壁池面积,m^2

滤池	计算公式	说明
虹吸滤池	$n \geqslant \dfrac{3.6q}{v} + 1$ $F = \dfrac{3.05Q'}{v}$ $Q' = 1.05Q^n$ $f = F/n$ $H = H_0 + H_1 + H_2 + H_3$ $+ H_4 + H_5 + H_6 + H_7$ $+ H_8 + H_9 + H_{10}$	n——分格数,一般取 6~8 个; Q'——处理水量,m^3/h; Q^n——净产水量,m^3/h; f——单格面积,m^2; H——滤池总深度,m; H_0——集水室高度,取 0.3~0.4 m; H_1——滤池底部空间高度,取 0.3~0.5 m; H_2——承托层高度,m; H_3——滤料池高度,m; H_4——排水槽底至砂面高度,m; H_5——洗砂排水槽高度,m; H_6——洗砂排水槽堰上水头,取 0.05 m; H_7——冲洗水头,取 1.0~1.2 m; H_8——清水堰上水头,取 0.1~0.2 m; H_9——过滤水头,取 1.2~1.5 m; H_{10}——滤池超高,取 0.15~0.2 m
移动冲洗罩滤池	$F = 1.05 \dfrac{Q}{v_1}$ $n < \dfrac{60T}{t+s}$ $f = F/n$ $q_1 = fq$	Q——净产水量,m^3/h; v_1——平均滤速,m/h; T——滤池总过滤周期,h; t——单格滤池冲洗时间,min; s——罩体移动和在两滤格间的移动时间,min; q_1——每一滤格的反冲洗流量,L/s; q——反冲洗强度,$L/(s \cdot m^2)$
上向流滤池	$v_f = \dfrac{(\rho_1 - \rho)gd^2}{1980\mu\alpha^2} \cdot \dfrac{\varepsilon_0}{1-\varepsilon_0}$ $(Re < 100)$	v_f——清洁滤层初始流化速度,cm/s; ρ_1——滤料的密度,g/cm^3; ρ——废水的密度,g/cm^3; g——重力加速度,cm/s^2; d——滤料的粒径,cm; μ——废水的动力黏度,10^{-1} Pa·s; α——滤料的形状系数; ε_0——清洁滤层孔隙比

第三章 化学法废水处理设备原理与设计

第一节 酸碱中和设备

根据我国工业废水的排放标准,允许排放废水的 pH 值应在 6~9 之间。很多工业废水通常含酸或碱,且酸、碱的含量差别往往很大。通常,将酸的质量分数大于 3% 的废水称为废酸液,将碱的质量分数大于 1% 的废水称为废碱液。废酸液和废碱液应尽量加以利用。低浓度的含酸废水和含碱废水的回收价值不大,可采用中和法处理,使溶液的 pH 值恢复中性附近的一定范围内,消除其危害。

一、酸碱中和原理、方法及药剂

(一) 中和原理

用化学法去除废水中的酸和碱,使其 pH 值达到中性左右的过程称为中和。处理含酸废水以碱或碱性废水为中和剂,处理含碱废水以酸或酸性废水为中和剂。

废水中和处理法是废水化学处理法之一,是利用中和作用处理废水,使之净化的方法。其基本原理是,使酸性废水中的 H^+ 与外加 OH^- 相互作用,或使碱性废水中的 OH^- 与外加的 H^+ 相互作用,生成弱解离的水分子,同时生成可溶解或难溶解的其他盐类,从而消除 H^+ 或 OH^- 的有害作用。

酸性或碱性废水中和处理基于酸碱物质摩尔数相等,具体公式如下:

$$Q_1 C_1 = Q_2 C_2 \tag{3-1}$$

式中:Q_1——酸性废水流量,L/h;

Q_2——碱性废水流量,L/h;

C_1——酸性废水中酸的物质的量浓度,mmol/L;

C_2——碱性废水中碱的物质的量浓度,mmol/L。

(二) 中和方法

对于酸性废水和碱性废水,常用的处理方法有酸性废水和碱性废水互相中和、药剂中和和过滤中和三种。

选择中和方法时应考虑下列因素:

① 废水所含酸类或碱类物质的性质、浓度,水量,以及废水水质、水量的变化规律。

② 就地取材所能获得的酸性或碱性废料及其数量。

③ 本地区中和药剂和滤料(如石灰石)的供应情况。

④ 接纳废水的管网系统、后续处理工艺对 pH 值的要求及接纳水体的环境容量。

(三)中和药剂及中和滤料

在酸性废水或碱性废水中投加适量的药剂可以达到中和的效果。对于酸性废水,常采用的碱性药剂有石灰石、石灰乳、氢氧化钠等;对于碱性废水,常采用的酸性药剂有工业硫酸、工业盐酸等。为了降低处理成本,应尽可能利用工业废料作为中和药剂,如废电石渣、废石灰、废酸和烟气等。酸碱中和法常用的药剂见表 3-1。

表 3-1 酸碱中和法常用的药剂

名称	化学式	主要特性
氢氧化钠	NaOH	溶解度大,反应速率快,供给容易,处理方便,但价格较高
碳酸钠	$NaCO_3$	
生石灰	CaO	因溶解度小,以浆状加入,反应速度慢,多数情况下反应生成物溶解度极小,但脱水性能好,价格便宜
消石灰	$Ca(OH)_2$	
电石渣	CaC_2	
石灰石	$CaCO_3$	主要用于处理强酸性废水,但为了使处理水达到或接近中性,往往还需要添加消石灰
白云石	$CaCO_3 \cdot MgCO_3$	
硫酸	H_2SO_4	溶解度大,反应速率快,但处理不安全
盐酸	HCl	
烟气	SO_2、CO_2	易于吸收,处理前应先除尘,处理后常含较多的硫化物

酸碱中和法除了投加适量的药剂之外,还可以采用中和滤料的形式进行反应。

中和滤料的选择与中和产物的溶解度有密切的关系。中和滤料的中和反应发生在颗粒表面,如果中和产物的溶解度很小,就会在滤料颗粒表面形成不溶性的硬壳,阻止中和反应的继续进行,使中和处理失败。例如,中和处理硝酸、盐酸时,滤料可选用石灰石、大理石或白云石;中和处理碳酸时,不宜采用过滤中和法;中和处理硫酸时,最好选用含镁的中和滤料(白云石)。但是,白云石的来源少、成本高,反应速度慢,所以,如能正确控制硫酸浓度,使生成的中和产物($CaSO_4$)的浓度不超过其溶解度,也可采用石灰石或大理石作为中和滤料。以石灰石为滤料时,如硫酸浓度较高,可使中和后的出水回流,用以稀释原水,或改用白云石滤料。

采用碳酸盐做中和滤料时会产生 CO_2 气体,它能附着在滤料表面,形成气体薄膜,阻碍反应的进行。酸的浓度愈大,产生的气体就愈多,阻碍作用也就愈严重。采用升流过滤方式和较大的过滤速度,有利于消除气体的阻碍作用。另外,中和产物 CO_2 溶于水使出水 pH 约为 5,经吹脱 CO_2,pH 可增大到 6 左右。脱气方式有穿孔管曝气吹脱、多级跌落自然脱气、板条填料淋水脱气等。

为了进行有效的过滤,还必须限制进水中悬浮杂质的浓度,以防堵塞滤料,同时滤料的粒径也不宜过大。另外,失效的滤渣应及时清除,并随时向滤池补加滤料,直至倒床换料。

二、酸碱中和设备

(一)中和槽

中和槽是一种常见的废水处理设备,主要用于中和酸性或碱性废水,使其达到中性状态,从而减少对环境的污染。

1. 中和槽处理系统

采用药剂中和法时,酸性或碱性废水的药剂中和处理流程如图3-1所示。中和反应在中和槽内进行。由于反应时间较快,可将混合和反应合二为一,采用隔离板式搅拌或机械搅拌,停留时间为5~20 min。

药剂中和法可采用间歇处理或连续流式处理。当废水量少、废水间断产生时,可采用间歇处理,设置2~3个中和槽,交替工作;当废水量大时,一般用连续流式处理,为获得稳定可靠的中和效果,可采用多级(二级或三级)串联方式。

中和过程中形成的各种沉淀物(污泥)应及时分离,可采用沉淀池进行分离。

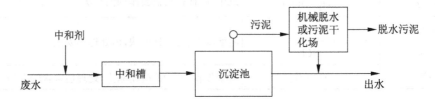

图3-1 酸性或碱性废水的药剂中和处理流程

2. 中和槽设计

(1)槽体选材

槽体选材时应考虑其抗腐蚀性能和耐高温性能。常用的材料包括玻璃钢、聚丙烯和不锈钢等。

(2)槽体尺寸

槽体的尺寸应根据废水处理量和中和时间来确定。一般而言,槽体的长宽比应为(2:1)~(3:1),高度应根据实际情况确定。

(3)进出口设计

槽体应设计进出口管道,用于添加中和药剂和排放废水。进出口管道应设置在槽体的上部,以避免废水溢流。

（4）搅拌装置

槽体内应安装搅拌装置，以确保中和药剂均匀分布在废水中，提高中和效果。常用的搅拌装置包括机械搅拌器和气体搅拌器等。

（5）放空管设计

放空管应设置在槽体的底部，用于检修时排空废水，避免残留。

（6）中和槽的容积

$$V = \frac{Qt}{60} \tag{3-2}$$

式中：Q——废水设计流量，m^3/h；

t——混合反应时间，一般取 2~4 min（当有重金属离子时，应按去除重金属离子的要求确定）。

（7）其他注意事项

① 搅拌效果：搅拌装置的选择和设置应确保中和药剂能够充分混合均匀，以提高中和效果。搅拌过程中还应注意搅拌力度，避免产生过大的涡流和空隙。

② 安全防护：槽体应配备安全防护措施，避免操作人员接触酸性或碱性废水和中和药剂。同时，应设置适当的通风设备，防止有害气体溢出。

③ 定期维护：槽体应定期清洗和维护，以保证其正常运行。清洗过程中应注意保护设备和操作人员的安全，并进行必要的漏水检测。

3. 中和曲线

为了便于控制中和药剂的投加量和掌握废水 pH 的变化规律，在用中和药剂处理时，首先需要绘制废水的中和曲线。中和曲线可通过滴定法绘制，即取一定量的酸性或碱性废水，不断滴加已知浓度的碱或酸标准溶液，同时用 pH 计测定废水的 pH。然后以 pH 为纵坐标、以滴加的 NaOH 溶液体积表示的碱的投加量为横坐标作图，所得曲线即为中和曲线，如图 3-2 所示。

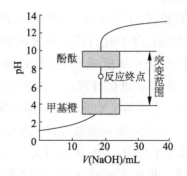

图 3-2　强酸强碱的中和曲线

工业废水中往往含有复杂的成分，因此中和药剂投加量不能单纯靠化学计量法计算。参考中和曲线，再加以试验验证才较为合适。

（二）中和滤池

常用的中和滤池有等速升流式膨胀床中和滤池、变速升流式膨胀床中和滤池及滚筒式中和滤池三种。

1. 等速升流式膨胀床中和滤池

等速升流式膨胀床中和滤池（也称膨胀式中和塔）如图3-3所示，它的特点是滤料粒径小（0.5~3 mm）、滤速高（60~70 m/h）、废水自下而上通过滤料层。由于滤料粒径小，反应面积增大，中和时间缩短；由于流速大，滤料可以悬浮起来，通过互相碰撞，表面形成的覆盖层容易剥离下来。因此，可以适当提高进水中硫酸的允许含量。由于水是升流运动，剥离的覆盖层容易随水流走，CO_2 气体易排出，所以不会造成滤床堵塞。滤料层厚度在运行初期为 1~1.2 m，最终换料时为 2 m，滤料膨胀率保持在 50%。池底设有 0.15~0.2 m 厚的卵石垫层，池顶保持有 0.5 m 的清水区。

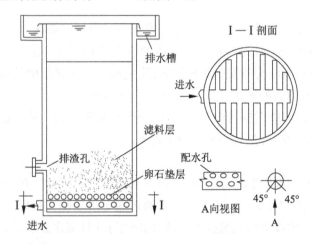

图3-3　等速升流式膨胀床中和滤池

2. 变速升流式膨胀床中和滤池

若将装填滤料的圆筒做成锥形，上大下小，则底部的滤速较大，上部的滤速较小，这样就形成了变速升流式膨胀床中和滤池，如图3-4所示。这种滤池下部滤速仍保持在 60~70 m/h，而上部滤速减为 15~20 m/h，既保持较高的过滤速度，又不至于使细小滤料随水流失，使滤料尺寸的适用范围增大。采用此种滤池处理含硫酸废水，可使待处理硫酸允许浓度提高至 2.5 g/L。升流式滤池要求布水均匀，因此常采用大阻力配水系统和比较均匀的集水系统。此外，还要求池子直径不能太大，一般不大于 2 m。

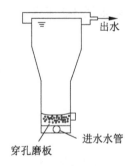

图3-4　变速升流式膨胀床中和滤池

3. 滚筒式中和滤池

滚筒式中和滤池如图3-5所示，装于滚筒中的滤料随滚筒一起转动，使滤料互相碰撞，以及时剥离由中和产物形成的覆盖层，加快中和反应速率。废水由滚筒的一端流入，由另一端流出。

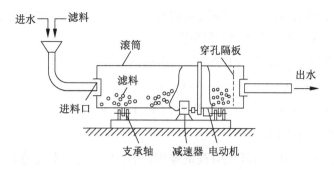

图 3-5　滚筒式中和滤池

滚筒可用钢板制成,内衬防腐层,直径 1 m 或更大,长度为直径的 6~7 倍。滚筒内壁有纵向挡板推动滤料旋转。滚筒转速约为 10 r/min,转轴倾斜 0.5°~10°。滤料粒径较大(达十几毫米),装料体积约占滚筒体积的一半。这种装置的最大优点是进水的硫酸浓度可以超过允许浓度数倍,而对滤料粒径的要求不严;其缺点是负荷低,一般为 36 m³/(m²·h),构造复杂、动力费用较高、运转时噪声较大,对设备材料的耐腐蚀性要求也较高。

中和滤池法的优点是操作管理简单,出水 pH 较稳定,不影响环境卫生,沉渣少(只占废水体积的 0.1%左右);缺点是废水进口浓度受到限制。需要特别指出的是,处理酸性废水的构筑物的防腐蚀问题十分重要,一般认为内衬玻璃钢的设备比较耐腐蚀。

第二节　铁碳微电解设备

一、铁碳微电解的基本原理

铁碳微电解技术主要利用了铁的还原性、铁的电化学特性、铁离子的絮凝吸附,三者共同作用来净化废水。

铁碳微电解工艺的电解材料一般采用铸铁屑和活性炭或者焦炭,当材料浸没在废水中时,发生内部和外部两方面的电解反应。一方面,铸铁中含有微量的碳化铁,碳化铁和纯铁存在明显的氧化还原电势差,这样在铸铁屑内部就形成了许多微原电池,纯铁作为原电池的阳极,碳化铁作为原电池的阴极,在含有酸性电解质的水溶液中发生电化学反应,使铁变为二价铁离子进入溶液。另一方面,铸铁屑和其周围的炭粉又形成了较大的原电池。

废水中发生的电化学反应如下:

阳极(Fe):$Fe-2e \rightarrow Fe^{2+}$　　　　　$E(Fe^{2+}/Fe) = 0.44 \text{ V}$

阴极（C）：$2H^+ + 2e \rightarrow H_2 \uparrow$ $E(H^+/H_2) = 0.00\ V$

反应过程中产生了初生态的 Fe^{2+}，它们具有高化学活性，能改变废水中许多有机物的结构和特性，使有机物发生断链、开环等。

因为水中含有 O_2，所以废水中还会发生下面的反应：

$O_2 + 4H^+ + 4e \rightarrow 2H_2O$ $E(O_2) = 1.23\ V$

$O_2 + 2H_2O + 4e \rightarrow 4OH^-$ $E(O_2/OH^-) = 0.41\ V$

$Fe^{2+} + O_2 + 4H^+ \rightarrow 2H_2O + Fe^{3+}$

反应生成的 OH^- 是出水 pH 值升高的原因，而由 Fe^{2+} 氧化生成的 Fe^{3+} 逐渐水解生成聚合度大的 $Fe(OH)_3$ 胶体絮凝剂，它可以有效地吸附、凝聚水中的悬浮物及重金属离子，且吸附性能远远高于聚合度小的 $Fe(OH)_3$，从而增强对废水的净化效果。

铁碳微电解通常用于难生物降解废水的预处理，一般进水 pH 宜控制在 2～3。经过铁碳微电解还原氧化预处理后，废水的 BOD_5 和 COD（chemical oxygen demand，化学需氧量）比值有较大提升，有利于后续生化处理。铁碳微电解工艺流程如图 3-6 所示。

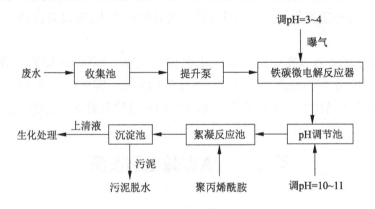

图 3-6 铁碳微电解工艺流程

铁碳微电解工艺的主要优点如下：

① 在运行过程中，不钝化、不板结，处理效果稳定。工艺流程简单、投资费用少、运行成本低。

② 反应活性强、比表面积大、反应速率快，一般工业废水只需要处理 30～60 min，长期运行稳定有效。由于微电解铁块中添加了多种金属同位元素，因此对废水中的 COD 的去除率比传统铁碳填料提高了 20%～30%，COD 去除率一般在 60%～75%，BOD_5 和 COD 的比值可提高 0.1～0.3，色度脱除率可达 70%～90%。

③ 作用有机污染物范围广，如含有偶氮、碳双键、硝基、卤代基结构的难降解有机污染物；能有效去除废水毒性，显著提高生化处理能力。

④ 产品使用寿命长，处理过程中只消耗少量的微电解剂。

⑤ 产品使用过程中形成初生态的亚铁或铁离子，具有比普通混凝剂更好的混凝作用。

⑥ 该方法可以达到化学沉淀除磷的效果,还可以通过还原作用除重金属。

⑦ 不仅可兼容现有的处理工艺,还有协同增效的作用。

二、铁碳微电解设备的填料

铁碳微电解填料由具有高电位差的活性炭与铁原子,外加稀有金属催化剂和无机催化剂,按比例进行结构式融合并采用高温真空厌氧活化技术生产而成,具有炭铁均匀一体化、微孔架构式稀有金属结构、比表面积大、比重轻、微电池活性强、电流密度大等特点。铁碳微电解填料在微电解工艺中用于废水处理,可高效去除 COD,降低色度,提高可生化性;在微电解+芬顿氧化工艺的前期处理工艺中,除对废水进行 COD 降解和脱色外,还为后期的芬顿氧化工艺提供亚铁离子及其他芬顿氧化催化剂,极大地提高了芬顿氧化效果,大幅减少了运行费用,处理效果稳定,同时避免了运行过程中的填料钝化、板结等现象,是微电解和芬顿氧化反应持续作用的重要保证。

铁碳微电解填料是在铁屑微电解工艺上发展起来的新型专用型填料,它彻底解决了传统微电解工艺的缺陷,极大地提高了微电解的效率,使微电解这一低成本、高效率的无机氧化工艺焕发了新的生机,使对高浓度化工废水、印染废水、电镀废水等有毒有害废水的无害化处理更加简便可靠。

三、影响铁碳微电解效能的因素

(一)水力停留时间

水力停留时间(hydraulic retention time,HRT)是铁碳微电解工艺运行的关键参数,水力停留时间与微电解池的容积、铁碳的耗损有直接关系。从工程实践和文献来看,最佳 HRT 一般取 45~90 min,典型 HRT 一般取 45~60 min。对于难电解水质可适当延长 HRT,效果明显;对于相对易电解水质可缩短 HRT。具体设计时应对污染物的稳定性进行研究,以调整 HRT。

(二)pH 控制条件

从基本原理的反应式中可以看出,在中性或碱性条件下,电解会生成具有混凝作用的氢氧化亚铁,形成絮凝物(也叫铁泥),易造成堵塞,阻止反应的进行;在酸性条件下,由于 H^+ 的存在,虽不会出现铁泥堵塞问题,但会加快铁屑的腐蚀,铁屑的损耗会增加,费用会有所提高。

从金属腐蚀学角度分析,铁在所有的 pH 值范围内,只要在适宜的情况下,都有腐蚀的可能性,但腐蚀速度有所不同。铁在 pH 值为 2~4 时腐蚀速度最快,在 pH 值为 5~9 时腐蚀速度比较稳定。在碱性较强时,随着 pH 值升高,腐蚀速度呈下降趋势,在碱性极强时,腐蚀速度又会加快。从已有的工程和实验数据来看,pH 值控制在 5~6.5 时,微电解处理效果与经济性最佳。在部分特难降解废水处理中,适当降低 pH 值会提高 COD 的去除率,当 pH 值降到 3 以下时,铁屑和酸的消耗量较大,经济性差。

(三)铁碳比

当铁碳的总量一定时,随着铁碳比的增加,体系内微原电池的数量增多,到达一定的数量后,铁碳比再增加,体系内微原电池的数量又逐渐减少,对污染物的降解能力会有所降低。从实验和工程实例可知,当铁碳微电解池的铁碳比(体积比)控制在(1:1)~(2:1)时,其性能和经济性最好。

(四)其他方面

1. 充氧

在铁碳微电解池的基础上对其充氧形成曝气铁碳微电解池,是对铁碳微电解池的改进。由于充氧时电位差大,以及曝气的搅动比水力搅拌更强烈,因此减少了结块的可能,不易造成微电解池堵塞;气泡的摩擦作用有助于去除铁屑表面沉积的钝化膜,有利于铁碳微电解反应器持续稳定地运行。

2. 物理吸附

铁屑丰富的比表面积显现出较高的表面活性,能吸附多种金属离子,促进金属离子的去除,同时铁屑中的微碳粒对金属离子的吸附作用也是不可忽视的。碳粒有很大的比表面积和大量不饱和键及含氧活性基团,能吸附废水中的有机污染物,降低色度。

3. 印染废水脱色

在进行印染废水预处理时,从电极反应中得到的新生态氢具有较大的活性,能与印染废水中的许多组分发生氧化还原反应。其能破坏发色物质的发色结构,使偶氮基断裂、大分子分解为小分子、硝基化合物还原为胺基化合物,达到脱色的目的,同时使废水的组成向易生化性的方向改变。

对于生化性较差的工业废水,经过铁碳微电解池预处理后,其生化性一般会有较大改善。铁碳微电解池各参数取值变化较大,在进行铁碳微电解池设计时,应先了解废水成分和废水中有机物分子的稳定性,以便适当调节 HRT、pH、铁碳比及确定是否充氧,避免造成设计误差。

第三节　臭氧氧化相关设备

一、臭氧发生原理及臭氧发生器

(一)臭氧发生原理

臭氧的分子式为 O_3,是氧气的一种同素异形体,在室温下是一种具有特殊臭味(鱼腥味)的淡蓝色气体。在标准状态下,臭氧的密度为 2.144 kg/cm^3,是氧气密度的 1.5 倍。

目前,臭氧的制备方法有无声放电法、放射法、紫外线辐射法、等离子射流法和电解法等。水处理中常用的是无声放电法。无声放电法产生臭氧的原理如图 3-7 所示。

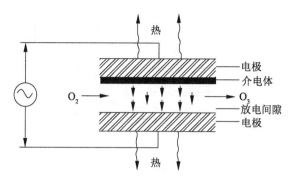

图 3-7　无声放电示意图

在一个内壁涂石墨的玻璃管外套一个不锈钢管,将高压交流电加在石墨层和不锈钢管之间(间隙为 1~3 mm)形成放电电场。由于介电体(玻璃管)的阻碍,只有极小的电流通过电场,即在介电体表面的凸点上发生局部放电,因不能产生电弧,故称之为无声放电。当氧气或空气通过放电间隙时,在高速电子流的轰击下,一部分氧原子转变为臭氧,其反应如下:

$$O_2 + e \rightarrow 2O + e$$
$$3O \rightarrow O_3$$
$$O_2 + O \rightarrow O_3$$

同时生成的臭氧也可能发生分解反应:

$$O_3 + O \rightarrow 2O_2$$

臭氧分解速率随臭氧浓度增大和温度升高而加快,在一定的温度和浓度下,生成和分解达到动态平衡。

氧气转变臭氧的总反应如下:

$$3O_2 + 288.9 \text{ kJ} = 2O_3$$

在臭氧制备中,放电产生的大量热会促使臭氧加速分解,更加剧了臭氧生产能力的下降。因此,采用适当的冷却方法,及时排除放电产生的热量,是提高臭氧浓度、降低电耗的有效措施。

(二)臭氧发生器

臭氧发生器通常由多组放电发生单元组成,有管式和板式两类。管式有立管式和卧管式两种;板式有奥托板式和劳泽板式两种。目前,生产上使用较为广泛的是管式。

图 3-8 为多管卧式臭氧发生器的结构示意图。它的外形像列管式热交换器,内有几十组至上百组相同的放电管。每组放电管均由两根同心圆管组成,外管为不锈钢管,内管为玻璃管(内壁涂石墨)。在金属圆筒内的两端各焊一个孔板,每孔焊上一根放电管。

整个金属圆筒内形成两个通道：一是两块孔板与圆筒端盖的空间，一块孔板作为进水分配室，另一块孔板作为臭氧收集室，并与放电间隙连通；二是两块孔板和不锈钢外壁之间的冷却水通道，冷却水可带走放电过程中产生的热量。

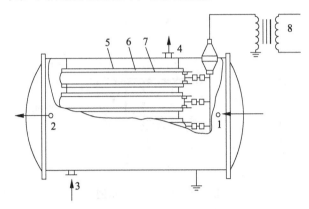

1—空气或氧气进口；2—臭氧出口；3—冷却水进口；

4—冷却水出口；5—不锈钢管；6—放电间隙；7—玻璃管；8—变压器。

图 3-8　多管卧式臭氧发生器的结构

二、臭氧接触反应器

根据臭氧化空气与水的接触方式，臭氧接触反应器分为气泡式、水膜式和水滴式三类。目前，我国水处理中应用最多的是气泡式反应器。根据反应器内产生气泡装置的不同，气泡式反应器可分为多孔扩散式、表面曝气式和塔板式三种。

在水处理中，应根据臭氧和水中杂质反应的类型选择适宜的臭氧接触反应器。各种臭氧接触反应器有其各自设计与计算的特点。现以水处理系统中广泛采用的鼓泡塔为例，介绍其设计与计算。

鼓泡塔中，废水一般从塔顶进入，经喷淋装置向下喷淋，从塔底出水。臭氧则从塔底的微孔扩散装置进入，以微小气泡状态上升而从塔顶排出。气、水逆流接触，完成处理过程。鼓泡塔也可设计成多级串联运行。当设计成双级时，一般前一级投加需氧量的60%，后一级投加需氧量的40%。鼓泡塔内可不设填料，也可加设填料以加强传质过程。

1. 塔体尺寸计算

① 臭氧接触反应器的容积 V 为

$$V = \frac{Qt}{60} \tag{3-3}$$

式中：V——臭氧接触反应器的容积，m^3；

Q——废水处理流量，m^3/h；

t——水力停留时间，一般取 5~10 min。

② 塔体截面面积 S 为

$$S = \frac{Qt}{60H_A} \tag{3-4}$$

式中：S——塔体截面面积，m^2；

　　H_A——塔内有效水深，一般取 4~5.5 m。

③ 塔径 D 为

$$D = \sqrt{\frac{4S}{\pi}} \tag{3-5}$$

式中：D——塔径，m。

④ 径高比 K 为

$$K = \frac{D}{H_A} \tag{3-6}$$

径高比 K 一般取 1：（3~4）。若计算出的 $D>1.5$ m，则为使塔不致过高，可将其分成几个直径较小的塔，或设计成接触池。

⑤ 塔总高 H_T 为

$$H_T = (1.25 \sim 1.35)H_A \tag{3-7}$$

式中：H_T——塔总高，m。

2. 其他设计参数

塔底微孔布气元件型号及其压力损失见表 3-2。无试验资料时，臭氧接触反应器的主要设计参数见表 3-3。

表 3-2　微孔布气元件型号及其压力损失

型号及规格	不同通气流量[L/（cm²·h）]下的压力损失/kPa							
	0.20	0.45	0.93	1.65	2.74	3.80	4.70	5.40
WTDIS 型微孔钛板，孔径<10 μm，厚4 mm	5.80	6.00	6.40	6.80	7.06	7.33	7.60	8.00
WTD₂ 型微孔钛板，孔径<20 μm，厚4 mm	6.53	7.06	7.60	8.26	8.80	8.93	9.33	9.60
WTD₃ 型微孔钛板，孔径<40 μm，厚4 mm	3.47	3.73	4.00	4.27	4.53	4.80	5.07	5.20
锡青铜微孔板，厚6 mm	0.67	0.93	1.20	1.73	2.27	3.07	4.00	4.67
刚玉石微孔板，厚20 mm	8.26	10.13	12.00	13.86	15.33	17.20	18.00	18.93

注：① WTDIS 及 WTD₃ 型微孔钛板的原料为颗粒状。

　　② WTD₂ 型微孔钛板的原料为树枝状，压力损失较大。

表 3-3　臭氧接触反应器的主要设计参数

处理要求	臭氧投加量（O₃/水）/（mg·L⁻¹）	去除效率/%	接触时间/min
杀菌及灭活病毒	1.0~3.0	90~99	数秒至 10~15 min,按所用臭氧接触反应器类型而定
除臭、除味	1.0~2.5	80	>1
脱色	2.5~3.5	80~90	>5
除铁、除锰	0.5~2.0	90	>1
去除 COD	1.0~3.0	40	>5
去除 CN⁻	2.0~4.0	90	>3
去除 ABS	2.0~3.0	95	>10
去除酚	1.0~3.0	95	>10

第四章 好氧生物法废水处理设备原理与设计

第一节 曝气设备

在废水治理工艺中,使用一定的方法和设备,向废水中强制加入空气,使池内废水与空气接触,并搅动液体,加速空气中的氧气向液体中转移,防止池内悬浮体下沉,加强池内有机物与微生物及溶解氧的接触,对废水中有机物进行氧化分解,这种向废水中强制增氧的设备称为曝气设备。

一、曝气设备分类

曝气设备按曝气方式的不同可分为鼓风曝气设备、表面曝气设备和潜水射流曝气设备等。

(一)鼓风曝气设备

鼓风曝气设备使用具有一定风量和压力的鼓风机和输送管道,将空气通过扩散曝气装置强制加入液体中,使池内液体与空气充分接触。鼓风曝气系统由鼓风机、扩散曝气装置和一系列连通的管道组成。鼓风机将空气通过一系列管道输送到安装在生化池底部的扩散曝气装置,空气经过扩散曝气装置形成不同尺寸的气泡。气泡上升并随水循环流动,最后在液面处破裂,在这个过程中氧向混合液中转移。

(二)表面曝气设备

表面曝气设备利用马达直接带动轴流式叶轮,将废水由导管经导水板向四周喷出并形成薄片状(或水滴状)水幕,水和空气充分接触形成水滴,在落下时撞击废水的液面,液面产生大量的气泡与废水接触,使水中含氧量增加。

与鼓风曝气设备相比,表面曝气设备不需要修建鼓风机房及设置大量布气管道和曝气头,设施简单、集中。一般不适用于曝气过程中产生大量泡沫的废水,原因是产生的泡沫会阻碍曝气池液面吸氧,使溶氧效率急剧下降,处理效率降低。目前的实践经验表明,表面曝气设备适用于中、小规模的废水处理厂。当废水处理量较大时,采用多台表面曝气设备会导致基建费用和运行费用增加,同时维护管理工作比较繁重,此时应考虑用鼓风曝气设备。

（三）潜水射流曝气设备

潜水射流曝气设备由曝气设计专用水泵、进气导管、喷嘴座、混气室、扩散管组成，水流经连接于泵出口的喷嘴座高速射入混气室，空气由进气导管引导至混气室与水流混合，曝气后的废水经扩散管排出。

深水自吸式潜水射流曝气机主要由 WQ 型潜水排污泵、文丘里管、扩散管、进气管及消音器等组成。工作原理为：潜水电泵产生的水流经过喷嘴形成高速水流，喷嘴周围形成负压而由进气管吸入空气，形成的液气混合流高速喷射而出，夹带许多气泡的水流在较大面积和深度的水域里涡旋搅拌，完成曝气。深水自吸式潜水射流曝气机使水体搅动与充氧同时进行，气泡细密，既可获得较高的氧转移率，又具有叶轮无堵塞的优点。强有力的单向液流造成有效的对流循环，且电动机负载随水位的变化很小，因此深水自吸式潜水射流曝气机更适合在水位变化较大的池中应用。在无需压缩空气的条件下，其最大潜水曝气深度可以达到 10 m，且成本低，安装、维护简捷便利。

二、鼓风曝气设备相关结构和设计

（一）鼓风机

鼓风曝气系统用鼓风机供应压缩空气，常用的有罗茨鼓风机和离心式鼓风机。离心式鼓风机的特点是空气量容易控制，只要调节出气管上的阀门即可；如果把电动机上的安培表改用流量刻度，调节就更为方便。但鼓风机噪声很大，因此空气管上应安装消声器。

（二）扩散曝气装置

鼓风曝气系统的扩散曝气装置主要分为微气泡曝气器、中气泡曝气器、水力剪切式空气曝气器、水力冲击式空气曝气器等类型。

1. 微气泡曝气器

微气泡曝气器也称为多孔性空气扩散装置，采用多孔性材料在高温下烧结成为扩散板、扩散管及扩散罩的形式。这一类扩散装置的主要性能特点是产生微小气泡，气、液接触面大，氧利用率较高，一般都可达 10% 以上；其缺点是气压损失较大，易堵塞，送入的空气应预先通过过滤处理。具体的曝气器形式如下。

（1）固定式平板形微孔曝气器

固定式平板形微孔曝气器如图 4-1 所示，其主要包括曝气板、布气底盘、通气（调节）螺栓、配气管、三通短管、伸缩节、橡胶密封圈或压盖，以及连接池底的配件等。目前我国生产的固定式平板形微孔曝气器有 200 mm 铁板微孔曝气板、200 mm 微孔陶板、以青刚玉和绿刚玉为骨料烧结成的曝气板，其技术参数基本相同。

此类曝气器的主要技术参数如下：平均孔径为 100~200 μm；孔隙率为 40%~50%；服务面积为 0.3~0.75 m²/个；氧利用率为 20%~25%；充氧能力为 0.04~0.19 kgO₂/(m³·h)；动

力效率为 46 kgO$_2$/(kW·h);单盘通气阻力为 1.47~3.92 kPa(150~400 mm 水柱);曝气量为 0.83 m^3/(h·个),陶瓷微孔曝气器的曝气量不能大于 4 m^3/(h·个)。

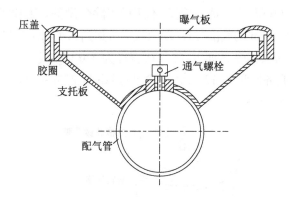

图 4-1　固定式平板形微孔曝气器

（2）固定式钟罩形微孔曝气器

固定式钟罩形微孔曝气器如图 4-2 所示。我国生产的固定式钟罩形微孔曝气器有微孔陶器钟罩形盘、以青刚玉为骨料烧成的钟罩形盘。其技术参数与固定式平板形微孔曝气器基本相同。

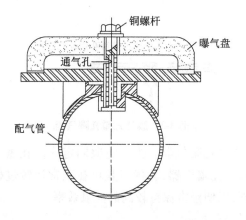

图 4-2　固定式钟罩形微孔曝气器

（3）膜片式（可变孔）微孔曝气器

常用的微孔曝气器多采用刚性材料（如陶瓷、刚玉等）制造,其传氧速率及动力效率都较高,但存在进入曝气器的空气需要除尘净化、曝气器孔易被污物堵塞等缺点。针对上述情况,一种新型的微孔曝气器即膜片式微孔曝气器被开发出来,其不仅动力效率高、应用效果好,而且不存在堵塞问题。

如图 4-3 所示,膜片式微孔曝气器的底部为由聚丙烯制成的底座,底座上覆盖着由合成橡胶制成的膜片,膜片被金属丝箍固定在底座上。在合成橡胶膜片上有激光打出的以同心圆形式布置的圆形孔眼。曝气时空气通过底座上的通气孔进入膜片与底座之间,在压缩空气的作用下,膜片微微鼓起,孔眼张开,达到布气扩散的目的。停止供气压力消失后,膜片本身的弹性作用使孔眼自动闭合,由于水压的作用,膜片被压实于底座之上。曝气池中的混合液不可能倒流,因此不会堵塞膜片孔眼。当孔眼开启时,空气中即使含有少量的尘埃,也可以通过孔眼,不会造成堵塞,不用设置除尘设备。膜片式微孔曝气器均匀的孔眼可扩散出 1.5~3.0 mm 的气泡,清水动力效率可达到 3.4 kgO$_2$/(kW·h)。

此类曝气器的主要技术参数如下:曝气板直径为 520 mm 或 230 mm;通气量为 3.42~34 O$_2$ m^3/(h·个);服务面积为 13 m^2/个;氧利用率为 27%~38%;通气阻力为 1.44~5.84 kPa(147~596 mm 水柱)。

图 4-3 膜片式微孔曝气器

以上三种均为固定式微孔曝气器。为了克服固定式微孔曝气器堵塞时清理困难的缺点,目前发展了提升式微孔曝气器,其优点是可在正常运转过程中随时或定期将曝气器从水中提出,进行清理,以便经常保持较高的充氧效率。

(4)摇臂式微孔曝气器

摇臂式微孔曝气器是提升式微孔曝气器的一种。目前我国生产的摇臂式微孔曝气器由微孔曝气管、活动摇臂、提升机三部分组成,如图 4-4 所示。微孔曝气管由微孔管、前盖、后盖及连接螺栓组成。为了防止气孔堵塞,空气必须经过净化处理。活动摇臂是可提升的配管系统,微孔曝气管安装于池底的支管上,呈栅支状。活动摇臂的底座固定在池壁上,活动立管伸入池中,支管落在池底部,并用支架支撑在池底。提升机为活动式电动卷扬机。当曝气头和微孔曝气管需要清理时,可将提升机移至欲清理的摇臂处,将提升机的钢丝挂在活动摇臂的吊钩上,按动电钮就可将摇臂提起,对曝气头进行清理或拆换。

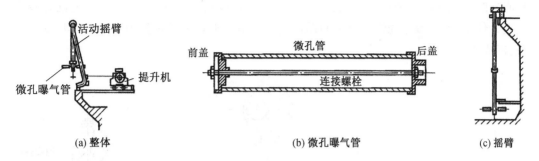

图 4-4　摇臂式微孔曝气器

2. 中气泡曝气器

应用较为广泛的中气泡曝气器是穿孔管,其由管径介于 25~50 mm 的钢管或塑料管制成,在管壁两侧向下相隔 45°角,留有直径为 3~5 mm 的孔眼,孔眼间距为 50~100 mm,空气由孔眼溢出。

这种扩散装置构造简单,不易堵塞,阻力小;但氧的利用率较低,只有 4%~6%,动力效率亦低,约为 1 kgO$_2$/(kW·h)。因此,其目前在活性污泥曝气中较少使用,而在接触氧化工艺中较为常用。

3. 水力剪切式空气曝气器

（1）倒伞形空气曝气器

倒伞形空气曝气器如图 4-5 所示,它由倒伞形塑料壳体、橡胶板、塑料螺杆及压盖等组成。空气由上部进气管进入,由倒伞形壳体和橡胶板间的缝隙向周边喷出,在喷出瞬间,空气泡被剪切成小气泡。停止供气后,借助橡胶板的回弹力,缝隙自行封口,防止混合液倒灌。

此类曝气器的主要技术参数如下:氧利用率为 6.5%~8.5%;动力效率为 1.75~2.88 kgO$_2$/(kW·h);总氧转移系数为 4.7~15.7。

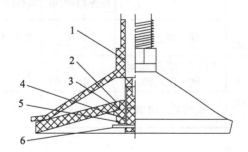

1—倒伞形塑料壳体;2—橡胶板;3—密封圈;4—塑料螺杆;5—塑料螺母;6—不锈钢开口销。
图 4-5　倒伞形空气曝气器

（2）固定螺旋空气曝气器

固定螺旋空气曝气器如图 4-6 所示,它由圆形外壳和固定在壳体内部的螺旋叶片组成,每个螺旋叶片的旋转角为 180°,两个相邻螺旋叶片的旋转方向相反。空气由布气管从底部的布气孔进入装置内,向上流动,由于壳体内外混合液的密度差对壳内混合液产生提升作用,混合液在壳体内外不断循环流动。空气泡在上升过程中被螺旋叶片反复切割,形成小气泡。

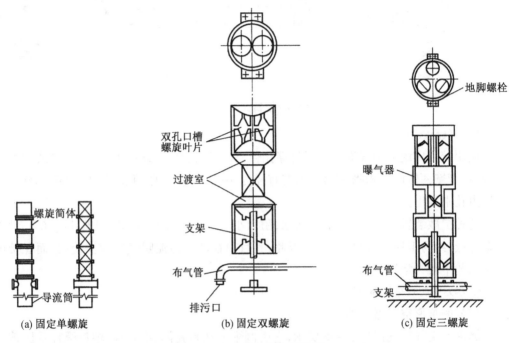

图 4-6　固定螺旋空气曝气器

固定螺旋空气曝气器有固定单螺旋、固定双螺旋及固定三螺旋三种空气曝气器,表 4-1 列出了固定螺旋空气曝气器的规格和性能。

表 4-1　固定螺旋空气曝气器的规格和性能

名称	规格	材质	服务面积/m²	氧利用率/%	动力效率/(kgO₂·kW⁻¹·h⁻¹)
固定单螺旋空气曝气器	φ200单螺旋×H1500	硬聚氯乙烯	3~9	7.4~11.1	2.24~2.48
固定双螺旋空气曝气器	φ200双螺旋×H1740	不饱和聚酯玻璃钢、硬聚氯乙烯	4~8（一般5~6）	9.5~11.0	1.50~2.50
固定三螺旋空气曝气器	3-φ180×H1740 3-φ185×H1740	聚丙烯玻璃钢	3~8	8.7	2.20~2.60

4. 水力冲击式空气曝气器

水力冲击式空气曝气器主要以射流式为主,如图 4-7 所示。它利用水泵打入的泥水混合液的高速水流的动能吸入大量空气,泥、水、气混合液在喉管中强烈混合搅动,使气泡粉碎成雾状,在扩散管内由于动能转变成势能,微小气泡进一步压缩,氧迅速地转移到混合液中,从而强化了氧的转移过程,氧的转移率可高达 20% 以上,但动力效率不高。近年来,由于泵的防水性能的改进,动力装置和扩散装置可一体化。

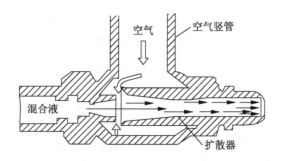

图 4-7 射流式水力冲击式空气曝气器

（三）鼓风曝气系统的设计与计算

下文以鼓风曝气为例,简要说明曝气系统的设计计算过程。

1. 鼓风曝气需氧量和供氧量计算

需氧量是指活性污泥微生物在曝气池中进行新陈代谢所需要的氧量。需氧量的计算公式可参考《室外排水设计标准》(GB 50014—2021)中的 7.9.2 的内容。

需氧量确定后,即可计算供气量。鼓风曝气时,可将标准状态下需氧量换算成标准状态下的供气量,应按式(4-1)计算。

$$G_s = \frac{O_s}{0.28E_A} \tag{4-1}$$

式中:G_s——标准状态下的供气量,m^3/h;

O_s——标准状态下的需氧量,kgO_2/h;

0.28——标准状态下每立方米空气中的含氧量,kgO_2/m^3;

E_A——氧利用率,%。

由于氧利用率 E_A 值是根据不同的扩散曝气装置在标准状态下和脱氧清水中测定出的,因此,需要供给曝气池混合液的充氧量(R)必须换算成相应于水温为 20 ℃、气压为 $1.013×10^5$ Pa 的脱氧清水的充氧量(R_0)。氧利用率 E_A 值是在选定了扩散曝气装置的类型后查表求得的。常用扩散曝气装置的氧利用率 E_A 值和动力效率 E_p 值(用于计算耗电量)列于表 4-2,供设计参考。

表 4-2 几种扩散曝气装置的 E_A、E_p 值

扩散曝气装置类型	氧利用率 E_A/%	动力效率 E_p/($kgO_2 \cdot kW^{-1} \cdot h^{-1}$)
陶土扩散板、管(水深 3.5 m)	10~12	1.6~2.6
穿孔管:ϕ5 mm(水深 3.5 m) ϕ10 mm(水深 3.5 m)	6.2~7.9 6.7~7.9	2.3~3.0 2.3~2.7
倒盆式扩散器:水深 3.5 m 水深 4.0 m 水深 5.0 m	6.9~7.5 8.5 10	2.3~2.5 2.6 —

扩散曝气装置类型	氧利用率 E_A/%	动力效率 E_p/ ($kgO_2 \cdot kW^{-1} \cdot h^{-1}$)
竖管扩散器($\phi19$ mm,水深3.5 m)	6.2~7.1	2.3~2.6
射流式扩散装置	24~30	2.6~3.0

注:表中数据,除陶土扩散管和射流式扩散装置两项外,均为上海市曲阳污水厂测定数据。

扩散曝气装置的各项参数(含 E_A 及 E_p)一般都由该装置的生产厂家提供,使用单位在使用过程中加以复核。

2. 鼓风曝气系统的设计

鼓风曝气系统设计的主要内容包括:① 选定扩散曝气装置并对其进行布置;② 空气管道设计与计算;③ 鼓风机的选择与鼓风机房的设计。

(1)扩散曝气装置的选用

在选用扩散曝气装置时,要考虑下列各项因素:扩散曝气装置应具有较高的氧利用率(E_A)和动力效率(E_p),具有较好的节能效果;不易堵塞,出现故障易排除,便于维护管理;构造简单,便于安装,工程造价及装置本身成本都较低。此外,还应考虑废水水质、地区条件及曝气池类型、水深等。

根据计算出的总供气量和每个扩散曝气装置的通气量、服务面积、曝气池池底面积等数据,计算、确定扩散曝气装置的数目,并对其进行布置。

扩散曝气装置在池底的布置形式有:① 沿池壁一侧布置;② 相互垂直呈正交式布置;③ 呈梅花形交错布置。

(2)空气管道的设计与计算

① 空气管道设计的一般规定。

活性污泥系统的空气管道系统是指从空气压缩机的出口到扩散曝气装置的空气输送管道,一般使用焊接钢管。小型废水处理站的空气管道系统一般为枝状,而大中型废水处理厂的空气管道则宜连成环状,以保证供气安全。空气管道一般铺设在地面上,接入曝气池的管道应高出池水面0.5 m,以免产生回水现象。对于空气管道的设计流速,干管为10~15 m/s,通向扩散曝气装置的竖管、小支管为4~5 m/s。

② 空气管道的计算。

空气管道和扩散曝气装置的压力损失一般控制在14.7 kPa以内,其中空气管道总压力损失控制在4.9 kPa以内,扩散曝气装置的压力损失为4.9~9.8 kPa。空气管道计算时,一般先根据流量(Q)、流速(v)按给水排水设计手册选定管径,再核算压力损失,调整管径。

空气管道的压力损失(h)为空气管道的沿程阻力损失(h_1)与空气管道的局部阻力损失(h_2)之和,此三者的单位均为Pa。

$$h = h_1 + h_2 \tag{4-2}$$

计算时,气温可按30 ℃考虑,而空气压力则按下式估算:

$$p = (1.5 + H) \times 9.8 \tag{4-3}$$

式中：p——空气压力，kPa；

　　　H——扩散曝气装置距水面的深度，m。

鼓风曝气系统中，压缩空气的绝对压力按下式计算：

$$p = \frac{h_1 + h_2 + h_3 + h_4 + h_5}{h_5} \tag{4-4}$$

式中：h_1、h_2——意义同前，Pa；

　　　h_3——扩散曝气装置安装深度（以装置出口处为准），mm（计算时换算为 Pa，$1~mmH_2O = 9.8~Pa$）；

　　　h_4——扩散曝气装置的阻力（按产品样本或试验资料确定），Pa；

　　　h_5——所在地区大气压力，Pa。

鼓风机所需压力按下式计算：

$$H_1 = h_1 + h_2 + h_3 + h_4 \tag{4-5}$$

式中：H_1——鼓风机所需压力，Pa；

　　　其他符号意义同前。

（3）鼓风机的选择与鼓风机房的设计

① 根据每台鼓风机的设计风量和风压选择鼓风机。各式罗茨鼓风机、离心式鼓风机、通风机等均可用于活性污泥系统。

定容式罗茨鼓风机噪声大，应采取消声措施，一般用于中、小型废水处理厂。离心式鼓风机噪声较小，效率较高，适用于大、中型废水处理厂；变速率离心鼓风机节省能源，能够根据混合液中的溶解氧浓度自动调整鼓风机启动台数和转速。轴流式通风机风压较小，一般用于浅层曝气池。

② 在同一供气系统中，应尽量选用同一型号的鼓风机。鼓风机的备用台数：当工作鼓风机有 3 台时，备用 1 台；当工作鼓风机有 4 台时，备用 2 台。

③ 鼓风机房应设双电源，供电设备的容量应按全部机组同时启动时的负荷设计。

④ 每台鼓风机应单设基础，基础间距应在 1.5 m 以上。

⑤ 鼓风机房一般包括机器间、配电室、进风室（设空气净化设备）、值班室，值班室与机器间之间应有隔声设备和观察窗。

⑥ 鼓风机房内、外应采取防噪声措施，使其符合相关环境噪声排放标准。

第二节　滗水器

序批式活性污泥法（sequencing batch reactor，SBR）是一种按间歇曝气方式运行的活性污泥废水处理技术。它的主要特征是在运行上的有序和间歇操作，技术核心是 SBR 反应池，该池集均化、初沉、生物降解、二沉等功能于一体，无污泥回流系统。SBR 尤其适用于建设空间不足、间歇排放和流量变化较大的场合,在国内有广泛的应用。滗水器又称滗析器,是 SBR 工艺中最关键的机械设备之一,用于定期排除澄清水,它能从静止的池表面将澄清水滗出而不搅动沉淀,确保出水水质。

由于多种形式的 SBR 工艺均采用静止沉淀、集中滗水的方式运行,且排水时池中水位是不断变化的,同时由于集中滗水时间较短,因此每次滗水的流量较大。这就要求滗水器在较短的时间内和大量排水的情况下,不对反应器内的污泥造成扰动,即始终要求滗水器撇出的是上层液体。对于一个成功的 SBR 系统而言,滗水器的性能显得至关重要。

常见的滗水形式主要是人工手动滗水和使用滗水器滗水。早期的 SBR 系统均采用人工手动的方式进行滗水,常见的是在反应器的不同高度上设置排水阀门,这种方法称为人工固定多点排水法。这种方法具有水力条件好、出水水质好、不会对污泥层造成大的扰动、结构相对简单等特点,但操作相对复杂。在新建项目中这种方法已不多见,但在资金短缺、考虑改扩建等因素影响的情况下,其有一定的应用空间。

广东省某屠宰厂日排水量为 2000 m^3,采用 SBR 工艺和人工固定多点排水法,废水集中在短时间内排放,运行良好。由于操作繁琐,需要操作工人多等问题,该厂拟定在经济条件允许的情况下,改用机械式可调堰滗水器。

滗水器主要包括机械式可调堰滗水器和虹吸式滗水器等。

一、机械式可调堰滗水器

目前国内机械式可调堰滗水器主要有两类:旋转式滗水器和套筒式滗水器。其共同特点是机械传动,自控运行容易实现。

(一)旋转式滗水器

旋转式滗水器如图 4-8 所示,它的特征是以机械力传动,淹没出流堰口随方向导杆一起旋转,堰口随着液面下降而将水排出反应器。

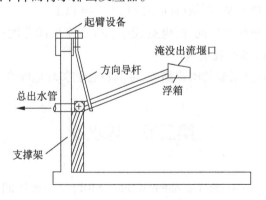

图 4-8 旋转式滗水器

旋转式滗水器由起臂设备、方向导杆、淹没出流堰口、浮箱及支撑架等组成。在预先设定的程序下,方向导杆以一定的速率带动载体管道及淹没出流堰口旋转,从而滗出上清液。淹没出流堰口既要漂浮在液面上,又要能使反应器内的上清液不断涌入。通过控制出水口移动的速率,堰体与浮力形成一定的平衡,这样既利用了浮力,又可以实现对滗水器的随机控制,以保证出水均匀。同时,浮箱要能在堰口上方和前后端之间形成一个没有浮渣和泡沫的出流区,以保证出水水质及防止污泥流失。

旋转式滗水器通过旋转的密封回转接头来连接总出水管及浮箱出水管,以保证堰口的上下运动而达到排水的目的。由于既要起到承受管道径向力和轴向力的轴承作用,又要在各个角度下都可以很好地连接两段管道,旋转式滗水器的密封回转接头的设计就显得尤为重要。

旋转式滗水器在 SBR 系列工艺中得到了广泛的应用。安徽某啤酒厂采用 CASS 工艺(SBR 的改进工艺)处理生产废水,日处理量为 3500 m^3,系统设置了两台旋转式滗水器,每个滗水器的堰口有效长度为 5.5 m,每次滗水 1 h,堰口负荷为 30 L/(m·s)。同时,在采用 SBR 工艺的城市污水厂及工业废水处理站中,旋转式滗水器也得到了广泛的应用。

(二)套筒式滗水器

套筒式滗水器有丝杠式和钢绳式两种。其基本原理都是在一个固定的平台上通过电动机的运动,带动丝杠(或滚筒)上钢绳连接的浮动式水堰上下运动。如图 4-9 所示,堰的下端连接着若干条一定长度的直管,直管套在带有橡胶密封的套筒上,可随堰一起运动。套筒的末端固定在池底,与底板下的出水管相连。上清液由堰流入,经直管、套筒导入出水管后,排出反应器。

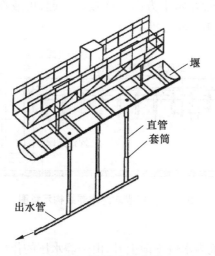

图 4-9 套筒式滗水器

北京航天城废水处理厂采用 CASS 工艺处理废水,日处理量为 7200 m^3,采用丝杠套筒式滗水器滗水。滗水器以程序设定的速度由原始位置降至水面。滗水开始后,滗水器随水面缓慢下降:下降 10 s,静止滗水 30 s,再下降 10 s,静止滗水 30 s,经过几个循环后达到设计最低排水水位。应控制滗水器下降速度与水位变化速率相当,滗出液始终是最上层的处理液,不会对污泥层造成扰动。滗水器的上升过程(滗水器的复位)是由最低排水水位连续上升至最高位置。

对于机械式可调堰滗水器而言,为更好地发挥其稳定、可靠、滗水量大的优势,一般都需要与自控技术结合。

此外,机械式可调堰滗水器中还有直堰式滗水器和弧堰式滗水器,其基本工作原理是利用堰板向下开启或堰门旋转下降将水引至池外。

二、虹吸式滗水器

虹吸式滗水器是由澳大利亚 AAT 公司于 20 世纪 80 年代中期开发并开始应用于 SBR 工艺的一种滗水器。

1. 基本结构

如图 4-10 所示,虹吸式滗水器主要分为排水短管、U 形管部分及排水总管三部分。

① 排水短管:一系列排水短管汇集在一起,排水短管口下口在最低滗水液位以下,上端汇接在一个水平堰臂上。排水短管的数量应足够多,在 SBR 反应池平面上均匀分布,以降低进口流速,使排水均匀,防止搅动沉泥。

② U 形管部分:U 形管中部分充满水,形成水封。U 形管一侧同水平堰臂相连,另一侧与排水总管相连。U 形管同排水总管连接部分设有溢流管,与水平堰臂连接一侧设有排气管,排气管上设有阀门,阀门的开启与关闭用于形成或破坏虹吸状态。

③ 排水总管:同 U 形管在水平方向上连接在一起,可放在池内,也可放在池外。排水总管一般低于最低水位 10 cm。

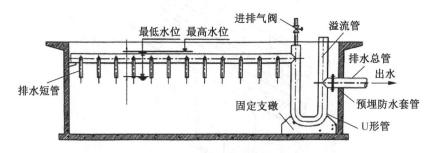

图 4-10　虹吸式滗水器结构示意图

2. 工作管理

进水阶段开始后,系统内水位逐渐上升,由于静水压的作用,排水短管和 U 形管液面之间形成气封,气封使在正常进水及反应过程中没有被处理的废水溢出反应器;当水位到达堰臂上端时,为防止池内静水压过高而使废水溢出反应器,设置最低滗水液位开关,并在此时关闭该开关。反应及沉淀阶段结束后,放出部分被封的空气,滗水阶段开始。当水位降到最低滗水液位时,关闭排气电磁阀,最低滗水液位开关开启,此时出水流进入虹吸状态。当液位降至距排水短管下口 1 cm 处时,最低滗水液位开关关闭,排气电磁阀再次被打开;随着空气的进入,虹吸被破坏;虹吸被破坏后,存在于水平堰臂及排水短管中的水通过短管流回反应器内,应保证滗水结束时间是从虹吸被破坏到停止出水这段时间的 3 倍。

3. 优点和缺点

虹吸式滗水器的优点是结构简单、维护方便、运行费用低、基建费用低。

它的缺点如下:

① 设计精度高。

② 滗水能力调整困难,滗水深度固定。

③ 虹吸要求条件高:反应器内液位必须高于水平堰臂才能形成虹吸;破坏虹吸液位时必须保证排水短管中存有足够的气体,使下一周期注水过程进行时,排水短管中的水不进入水平堰臂而破坏虹吸条件。

三、其他形式

此外,还有多种应用于小型或小水量反应器的滗水器广泛地应用于实验室和工程实践中,它们的显著特点是结构简单、运行方便、造价低。

常用滗水器的特点见表4-3。

表 4-3　常用滗水器的特点

类型	旋转式滗水器	套筒式滗水器	虹吸式滗水器
滗水高度/m	1.0~2.5	0.8~1.2	0.5~1.0
滗水负荷/$(L \cdot m^{-1} \cdot s^{-1})$	20~32	10~12	1.5~2.0
基本结构	电动机、减速机、丝杠、方向导杆、载体管道、密封回转接头、淹没出流堰口等	电动机、丝杠(或滚筒)堰槽、套管等	排水总管、排水短管、U 形管及电磁阀等
工作原理	堰口随方向导杆一起旋转,通过堰口位置随水位变化来排水	通过钢绳或丝杠升降带动堰槽,通过套管的衔接达到排水目的	通过在 U 形管及排水短管之间形成负压,虹吸排水
控制形式	机械,自控	机械	机械,自控
主要特点	运行可靠,滗水负荷及滗水深度大,易自控;机械结构复杂,造价高,部件易磨损,设计精度要求较高	滗水负荷大,滗水深度较大;结构相对复杂,造价较高,套管有发生卡阻而不能正常工作的可能	结构简单,运行可靠,造价低,运行费用低;滗水深度较小且不易调整,设计精度要求高

第三节　曝气生物滤池

曝气生物滤池(biological aerated filter,BAF)是一项构造新颖的废水生物处理技术。

BAF 是生物膜法技术深入发展的结果,可称它为第三代生物膜法技术。BAF 在开发过程中充分借鉴了废水处理接触氧化和给水快滤池的设计思路,集曝气、高滤速、截留悬浮物、定期反冲洗等特点于一体。BAF 兼有活性污泥法和生物膜法两者的优点,并将生化反应与过滤两种处理过程合并在同一构筑物中完成。

一、基本原理

曝气生物滤池内填装有一定量粒径较小、表面积较大的颗粒滤料,滤料表面及滤料内部微孔生长有生物膜。曝气生物滤池的工作原理如下:一是生物氧化降解,滤池内部曝气,废水在垂直方向上由下向上通过滤料层时,利用滤料表面的生物膜的强氧化降解能力对废水进行快速净化;二是截留,废水流经滤料层时,利用滤料粒径较小的特点及生物膜的生物絮凝作用,通过物理过滤,截留废水中的大量悬浮物,且保证脱落的生物膜不会随水漂出;三是反冲洗,当滤池运行一段时间后,因水头损失增大,需对其进行反冲洗,以释放截留的悬浮物并更新生物膜,使滤池的处理性能得到恢复。

曝气生物滤池对污染物的去除作用还涉及吸附作用和生物分级捕食。

① 吸附作用:曝气生物滤池滤料为多孔、大表面积材质,发生的吸附过程以物理吸附为主。滤料本身的孔隙结构及其表面产生的一些不饱和键、孤对电子及自由基对水中的污染物有吸附作用。

② 生物分级捕食:曝气生物滤池各个层面生活着不同的微生物、原生动物及后生动物,其间存在着相互吞噬的现象。

二、分类、基本结构及工作过程

(一)分类

BAF 属于淹没式附着生长工艺形式,按水流方向可分为升流式 BAF 和降流式 BAF,按滤料的相对密度又可分为小于1(或接近1)和大于1两种情况。相对密度小于1(或接近1)的滤料,常见的有聚丙烯、聚苯乙烯等;相对密度大于1的滤料,常见的有陶粒、石英砂、无烟煤等。

(二)基本结构

无论何种类型的 BAF,其通常由滤池池体、滤料层、承托层、布水系统、布气系统、反冲洗系统、出水系统、管道和自控系统等构成,如图 4-11 所示。

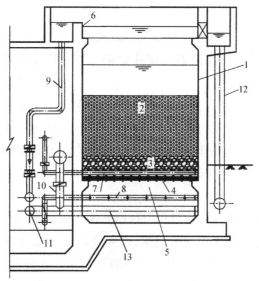

1—滤池池体；2—滤料层；3—承托层；4—滤板滤头；5—配水区；
6—配水(收水)堰；7—曝气管；8—反冲洗空气管；9—过滤进水管；10—过滤出水管；
11—反冲洗进水管；12—反冲洗排水管；13—反冲洗配水管(过滤出水收水管)。

图 4-11　BAF 基本结构

1. 滤池池体

滤池池体的作用是容纳被处理水和围挡滤料，并承托滤料和曝气装置的质量。滤池池体的平面形状可采用正方形、矩形或圆形。当处理水量小且只有一座池体时，可采用圆形钢结构；当处理水量大、池体数量多且考虑共壁时，采用矩形钢筋混凝土结构较经济。

2. 滤料层

滤料是 BAF 的核心组成部分，滤料的作用是作为微生物的载体，供微生物附着生长。BAF 生物降解性能的优劣很大程度上取决于滤料的特性。目前，国内 BAF 常用滤料为生物陶粒滤料、火山岩滤料等无机滤料。

3. 承托层

承托层的作用是支撑滤料，防止滤料流失和堵塞滤头，同时还可以保持反冲洗稳定进行。为保证结构稳定，使配水充分均匀，承托层的材质应具有良好的机械强度和化学稳定性，形状应尽量接近圆形，工程中一般选用鹅卵石作为承托层，并按一定滤料级配布置。

4. 布水系统

BAF 的布水系统主要包括滤池底部的配水区和滤板上的配水滤头。对于升流式 BAF，因待处理水与反冲洗水均由 BAF 底部进入，布水系统的功能是在滤池正常运行和反冲洗时，使过滤进水和反冲洗水在整个滤池截面上均匀分布。对于降流式 BAF 而言，布水系统的功能是用作滤池反冲洗布水和收集过滤出水。在气水联合反冲洗时，配水区还起到均匀配气的作用。

除上述采用滤板和配水滤头的配水方式外，小型 BAF 通常采用穿孔布水管配水(管式大阻力配水方式)。

5. 布气系统

BAF 的布气系统包括正常运行时曝气所需的曝气系统和反冲洗供气系统两部分。曝气装置可采用单孔膜空气扩散器或穿孔管曝气器。曝气装置可设在承托层或滤料层中。

BAF 运行过程中,曝气不仅提供微生物所需的溶解氧,还起到了对滤料层的扰动作用,可促进生物膜的脱落和更新,防止滤料堵塞,有利于废水中有机物和微生物代谢产物的扩散与传递。对于升流式 BAF 来说,由于空气的携带作用,进水中的悬浮物被带入滤床深处,生物膜对悬浮物的截留起到了生物过滤作用。

6. 反冲洗系统

反冲洗的目的是去除滤池运行过程中截留的各种颗粒、胶体污染物及老化脱落的微生物膜。反冲洗过程主要是考虑水力效果,既要恢复过滤能力,又要保证滤料表面仍附着有足够的生物体,使滤池满足下一周期净化处理要求。曝气生物滤池采用气水联合反冲洗,按水洗—气洗—气水联合洗—水洗或气洗—水洗的顺序进行反冲洗,通过长柄滤头实现。

7. 出水系统

出水系统由收水堰和出水管道构成。升流式 BAF 由顶部出水,一般为堰口收水,可采用周边出水和单侧堰出水等。降流式 BAF 由底部出水,所以正常过滤时,通过反冲洗配水管收水,并排出 BAF。

8. 管道和自控系统

一般 BAF 有过滤进水、过滤出水、曝气、反冲洗进水、反冲洗排水、反冲洗空气 6 套管路,每个运行周期需在过滤和反冲洗间切换。对于小水量的工业废水处理,滤池分格较少(分格数 $n \leqslant 3$),控制相对简单,尚可采用手动控制。而对于规模较大的废水处理,滤池系统一般由若干组滤池模块拼装而成,在运行中还要根据需要进行若干组滤池之间的切换,因此必须在管路上设置电动或气动阀门,由 PLC 自控系统来完成对滤池的运行控制。因此,自控系统已成为 BAF 工艺的一个重要组成部分。

(三)工作过程

BAF 为周期运行,从开始过滤到反冲洗完毕为一个完整的周期。

1. 降流式 BAF 工作过程

如图 4-12 所示,经过预处理的废水从滤池顶部进入,在滤池底部进行曝气,气、水逆向。在滤池中,有机物被微生物氧化分解,NH_3-N 被氧化成 NO_3-N,另外由于生物膜处于缺氧/厌氧状态而发生反硝化反应。随着过滤的进行,滤料表面新产生的生物越来越多,截留的悬浮物不断增加,在开始阶段水头损失增加缓慢,当固体物质积累到一定量后,就会堵塞滤料层的上表面,并且阻止气泡的释放,从而导致水头损失很快达到极限水头损失,此时应立即进入反冲洗过程,以除去滤床内过量的生物膜及悬浮物,恢复滤池的处理能力。

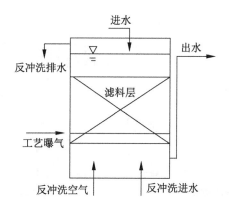

图 4-12 降流式 BAF 工作过程示意

反冲洗采用气水联合冲洗,反冲洗进水为滤池出水,反冲洗空气来自底部单独的反冲洗空气管。反冲洗时,关闭进水和曝气。反冲洗时滤料层有轻微的膨胀,在气、水对滤料的冲刷和滤料间相互摩擦等作用下,老化的生物膜和被截留的悬浮物与滤料分离,冲洗下来的生物膜及悬浮物被冲出滤池,反冲洗污泥回流至预处理部分。由于正常过滤和反冲洗时水流方向相反,滤料层顶部的高浓度污泥不经过整个滤床,而是以最快的速度离开滤池,这对保证滤池的出水有利。

2. 轻质滤料、升流式 BAF 工作过程

如图 4-13a 所示,经过预处理的废水和工艺曝气均从滤池底部进入,气、水同向。滤板和滤头位于滤料层上,运行中漂浮的滤料被顶部滤板拦挡,并随废水向上流升,形成过滤的作用。水头损失的增长与运行时间正相关,随着过滤的进行,当剩余生物质及截留的悬浮物过多时,水头损失剧增,当水头损失达到极限水头损失时,应及时进行反冲洗以恢复滤池的处理能力。反冲洗进水为滤池顶部出水区的滤池出水,通过重力,自上而下进行反冲,并从滤池底部污泥区排出。反冲洗期间,处理过的循环水以很高的速率向下流过滤料,导致原先已被压缩的滤料向下膨胀,固体物质存留在滤池的下部位置,滤料上产出的剩余生物质被冲洗至反冲洗水的集水池中。正常的反冲洗程序由反复淋洗(水冲洗)和空气冲洗等多个阶段组成,一般采用四次水冲洗和三次气冲洗,然后再开始新一轮的运行周期。

3. 重质滤料、升流式 BAF 工作过程

如图 4-13b 所示,经过预处理的废水和工艺曝气均从滤池底部进入,气、水同向。随着过滤的进行,升流式 BAF 水头损失的增长与运行时间正相关。当水头损失达到极限水头损失时,应及时进行反冲洗以恢复滤池的处理能力。反冲洗水自池底进入,与反冲洗空气同向,从滤池顶部排出。

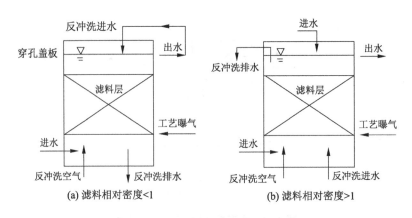

图 4-13 升流式 BAF 工程过程示意

三、BAF 滤料

滤料是曝气生物滤池的核心组成部分,BAF 性能的优劣在很大程度上取决于滤料的特性,滤料的研究和开发在 BAF 工艺中至关重要。

水处理效果主要与滤料的性质有关,包括滤料的比表面积、粒径、表面亲水性及表面电荷、表面粗糙度、密度、堆积密度、孔隙率、强度等。因此,滤料不仅决定了可供生物膜生长的比表面积的大小和生物膜量的多少,而且影响着滤池中的水力学状态。在正常生长环境下,微生物表面带有负电荷,如果滤料表面带正电荷,那么微生物在滤料表面的附着、固定过程就更容易进行。粗糙的滤料有利于细菌在其表面附着、固定,粗糙的表面增加了细菌与滤料间的有效接触面积,滤料内部的孔洞、裂缝等对已附着的细菌起到屏蔽保护作用,使其免受水力的冲刷作用。

BAF 所用的滤料,根据其采用原料的不同可分为无机滤料和有机高分子滤料。常见的无机滤料有陶粒、焦炭、石英砂、活性炭、膨胀硅铝酸盐等,常见的有机高分子滤料有聚苯乙烯、聚氯乙烯、聚丙烯等。有机高分子滤料与微生物的相容性较差,所以挂膜时生物量少,易脱落,处理效果并不总是很理想,且价格昂贵。对天然无机滤料的开发是国内外滤料研究的重点。石英砂密度大,比表面积小,孔隙率小,当废水流经滤层时阻力很大,生物量少,故滤池负荷不高,水头损失大,现在应用的不多。轻质陶粒滤料取材方便、价格低廉,且比表面积及孔隙率大、生物量大,因此滤池负荷较大、水头损失较小,国内对其进行的研究与应用较多。

滤料的类型、粒径及滤料层高度均对曝气生物滤池有影响。

(1)滤料类型

曝气生物滤池对滤料有如下要求:① 表面粗糙。表面粗糙的滤料可为微生物提供理想的生长、繁殖场所。② 密度适中。密度太大不利于反冲洗的进行,密度太小则容易在反冲洗时跑料。③ 有一定的强度,耐摩擦。④ 无毒,化学性质稳定。

（2）滤料粒径

滤料粒径对曝气生物滤池的处理效能和运行周期都有重要影响。滤料粒径越小,处理效果越好。但滤料粒径越小,滤池越容易堵塞,运行周期相对较短,反冲洗频繁,且不易发挥滤料层深处的作用。因此,曝气生物滤池选用滤料需要同时考虑滤池的处理效能和运行周期,根据滤池进水水质和处理要求进行优化选择。

（3）滤料层高度

滤料层高度与出水水质有关,在一定范围内,增加滤料层高度可提高滤池的处理效果,保证出水水质,但同时增加的废水提升扬程和反冲洗强度将导致能耗增加。

四、BAF 工艺特点、构造特点和缺点

1. BAF 工艺特点

① 气、液在滤料间隙充分接触,由于气、液、固三相接触,因此氧的转移率高,动力消耗低。

② 具有截留废水中悬浮物与脱落的生物膜的功能,因此,无须设沉淀池,占地面积小。

③ 采用 3~5 mm 的小颗粒作为滤料,滤料比表面积大,微生物附着力强。

④ 池内能够保持较多的生物量,再加上截留作用,废水处理效果良好。

⑤ 无需污泥回流,不用考虑污泥膨胀,若反冲洗全部自动化,则维护管理也非常方便。

⑥ 过滤速度快,处理负荷远高于常规污泥处理工艺。

⑦ 抗冲击能力强,受气候、水质和水量变化影响较小,能够适应北方寒冷地区,并可间歇运行。

2. BAF 构造特点

① 滤池易于规范化设计,工程结构紧凑。因此,其占地面积小,通常为常规处理工艺占地面积的 1/10~1/5,厂区布置紧凑美观。

② 可建成封闭式厂房,以减少臭味、噪声对周围环境的影响。

③ 自动化程度高,运行管理方便,便于维护。

④ 全部模块化结构,便于后期进行改扩建。

3. BAF 的缺点

① 污泥产量相对较大,污泥稳定性较差。

对于好氧生物处理来讲,滤池处理负荷越高,单位体积处理能力越强,产生的生物体也越多,污泥产量越大。滤床中截留的许多悬浮物是可生物降解的,但在过滤运行后期,由于来不及被降解而经反冲洗转化为反冲洗污泥,这是污泥稳定性降低的原因之一。

② 增加运行费用。

为了使滤池能以较长的周期运行,减少反冲洗次数,降低能耗,须对滤池进水进行预处

理以减少进水中的悬浮物,尤其是滤池用于二级处理时,往往须在滤池进水前投加药剂才能达到这一要求。药剂的使用不仅会增加运行费用,许多药剂还会降低进水的碱度,进而影响硝化。当然,BAF用于三级处理时,由于滤池进水来自二级处理的沉淀池,所以这一问题并不突出。目前,许多废水处理工作者在研究如何利用自控系统来有效控制加药量。

五、工艺单元和工艺流程

根据使用范围的不同,BAF可以分别应用于二级处理、三级处理及微污染水的净化处理。而根据处理目的的不同,BAF又分为以去除BOD_5为主的碳氧化BAF,以去除氨氮为主的硝化BAF,去除BOD_5、氨氮功能兼有的碳氧化/硝化BAF,以及用于脱氮的反硝化BAF。也可根据工艺的运行特性、处理领域的不同,采取适当的组合形式,通过多个BAF的串联,完成碳化、硝化、反硝化、除磷等工作。目前,曝气生物滤池已从单一工艺逐渐发展成为系列综合工艺。

(一) 工艺单元

将单个曝气生物滤池看作一种处理工艺单元,BAF可分为单纯的碳氧化BAF(简称BAF-C)、硝化BAF(简称BAF-N)、碳氧化/硝化BAF(简称BAF-C/N)、反硝化BAF(简称BAF-DN)等。

1. 碳氧化BAF

碳氧化BAF是在单一BAF内主要完成有机物的去除。

2. 硝化BAF

硝化BAF是在单一BAF内主要完成氨氮的硝化。废水进入硝化BAF前,应进行必要的预处理,降低废水中有机物的含量,以减少异养菌对硝化菌的抑制作用。

3. 碳氧化/硝化BAF

碳氧化/硝化BAF是在单一BAF内完成有机物的去除和氨氮的硝化。去除有机物依靠异养菌,而进行硝化反应的硝化菌为自养菌,异养菌繁殖速度较快,在反应过程中会优先利用氧,而抑制自养菌的繁殖。研究表明,当有机负荷稍高于$3.0\ kgBOD_5/(m^3\cdot d)$时,氨氮的去除受到抑制;当有机负荷高于$4.0\ kgBOD_5/(m^3\cdot d)$时,氨氮的去除受到明显抑制。因此,在单一BAF内同步去除有机物和氨氮时,须降低有机负荷,有机负荷一般为$1\sim3\ kgBOD_5/(m^3\cdot d)$。

4. 反硝化BAF

反硝化BAF是在池内形成缺氧环境,用以完成硝酸盐的去除,通常与硝化BAF联用,实现生物脱氮功能。由于反硝化需要碳源,因此根据待处理水来源不同,工艺流程中反硝化BAF的设置位置也不同,通常可设置为前置反硝化工艺(BAF-DN位于BAF-N之前)或后置反硝化工艺(BAF-DN位于BAF-N之后)。在实际工程中,考虑到占地面积和工程投资等因素,通常采用两级BAF,对于要求反硝化的情况可采用DN+C/N(前置反硝化)或C/N+DN(后置反硝化)。

在前置反硝化工艺中,DN 池在进行脱氮反应的同时也减少了废水中的有机物,为后续的硝化反应创造了条件。因而在废水中有机碳源充足的情况下,适宜采用前置反硝化工艺,既可以节省外加碳源,还能降低运行成本。

在后置反硝化工艺中,BOD_5 的去除只能在预处理阶段,通过化学沉淀降低 C/N 池的有机负荷,但这些不稳定的有机物进入污泥当中会大大增加污泥处理的难度。从这点来看,以下两种场合更适合应用后置反硝化工艺:① 工业废水比重较高,BOD_5 含量明显偏低的情况;② 废水处理厂的升级改造,如某些早期建设的废水处理厂未考虑硝化指标,出水中 BOD_5 含量较低,氨氮含量却较高。

(二)工艺流程

① 要求主要去除废水中的有机物时,宜采用单级碳氧化 BAF 工艺,工艺流程见图 4-14。

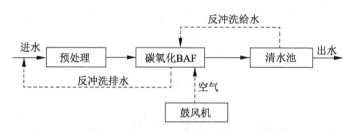

图 4-14 单级碳氧化 BAF 工艺流程

② 要求去除废水中有机物并完成氨氮的硝化时,可采用单级 BAF-C/N 工艺流程,也可采用 BAF-C 和 BAF-N 两级串联工艺,工艺流程见图 4-15、图 4-16。

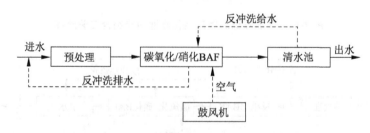

图 4-15 单级碳氧化/硝化 BAF 工艺流程

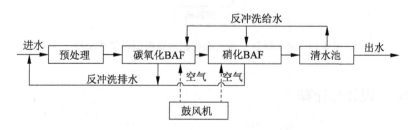

图 4-16 碳氧化 BAF+硝化 BAF 两级串联工艺流程

③ 当进水碳源充足且出水对总氮去除要求较高时,宜采用前置反硝化 BAF+碳氧化/硝化 BAF 两级组合工艺,工艺流程见图 4-17。

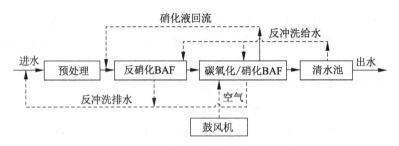

图 4-17　前置反硝化 BAF+碳氧化/硝化 BAF 两级组合工艺流程

前置反硝化工艺具有以下优点:a. 利用废水中的有机物作为反硝化碳源,节省外加碳源;b. BQD$_5$ 在反硝化 BAF 中去除,保证了碳氧化/硝化 BAF 的硝化能力;c. 系统的曝气量相对减少;d. 污泥产量相对减少。

④ 当进水总氮含量高、碳源不足而出水对总氮去除要求较高时,可采用后置反硝化工艺,同时外加碳源,工艺流程见图 4-18;或者采用前置反硝化工艺,同时外加碳源,工艺流程见图 4-19。在前置反硝化工艺中,硝化液回流率可具体根据设计 NO$_3^-$-N 去除率及进水碳氮比等确定。外加碳源的投加量需经过计算确定。

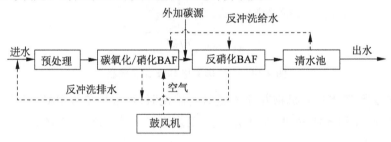

图 4-18　外加碳源后置反硝化滤池两级组合工艺流程

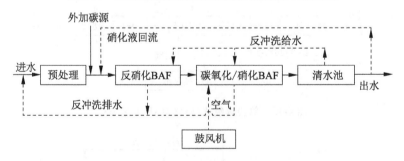

图 4-19　外加碳源前置反硝化滤池两级组合工艺流程

六、BAF 设计与计算

(一) BAF 设计一般规定

① 根据废水的水质条件,曝气生物滤池前宜设沉砂池、初次沉淀池或混凝沉淀池、除油池、厌氧水解池等预处理或前处理设施,进水的悬浮物浓度不宜大于 60 mg/L。

② 碳氧化、硝化和反硝化可在单级曝气生物滤池内完成,也可分别在多级曝气生物滤池内完成。

③ 曝气生物滤池应具备防止滤头堵塞和防止滤料流失的措施。

④ 曝气生物滤池宜以钢筋混凝土筑造为主,并考虑防渗、防漏措施。

⑤ 曝气生物滤池反冲洗排水应根据处理规模、单格滤池每次反冲洗水量等因素,合理设置反冲洗排水缓冲池。

⑥ 滤池的进、出水液位差应根据配水形式、滤速和滤料层水头损失确定,其差值不宜小于 1.8 m。

⑦ 当曝气生物滤池出水悬浮物满足后续处理要求或排放标准时,可不设沉淀或过滤设施。

(二) BAF 负荷和滤速

活性污泥法中一般以负荷或污泥龄等为设计参数,确定反应池所需容积;而进行滤池设计时,通常以滤速为设计参数,确定所需过滤面积。曝气生物滤池从工艺原理上看,属于活性污泥法和滤池的结合,因此负荷和滤速都是其重要的设计参数,在设计中应尽可能同时满足两参数的要求。

曝气生物滤池的容积负荷和水力负荷宜根据试验资料确定。无试验资料时,可采用经验数据或按表 4-4 取值。

表 4-4　BAF 工艺主要设计参数

类型	功能	容积负荷/[kg 污染物/(m^3 滤料·d)]	水力负荷(滤速)/($m·h^{-1}$)	空床水力停留时间/min
BAF-C	降解废水中的有机物	$3.0\sim6.0$ kgBOD$_5$/(m^3·d)	$2.0\sim10.0$	$40\sim60$
BAF-N	对废水中的氨氮进行硝化	$0.6\sim1.0$ kgNH$_3$-N/(m^3·d)	$3.0\sim12.0$	$30\sim45$
BAF-C/N	降解废水中的有机物,并对氨氮进行部分硝化	$1.0\sim3.0$ kgBOD$_5$/(m^3·d) $0.4\sim0.6$ kgNH$_3$-N/(m^3·d)	$1.5\sim3.5$	$80\sim100$
前置 BAF-DN	利用废水中的碳源对硝态氮进行反硝化	$0.8\sim1.2$ kgNO$_3^-$-N/(m^3·d)	$8.0\sim10.0$	$20\sim30$
后置 BAF-DN	利用废水外加碳源对硝态氮进行反硝化	$1.5\sim3.0$ kgNO$_3^-$-N/(m^3·d)	$8.0\sim12.0$	$20\sim30$
深度处理 BAF	对二级废水处理厂尾水进行有机物降解及氨氮硝化	$0.4\sim0.6$ kgNH$_3$-N/(m^3·d)	$0.3\sim0.6$	$35\sim45$

(三) BAF 池体设计与计算

1. 池体设计一般规定

① 曝气生物滤池宜采用上向流进水。

② 曝气生物滤池的平面形状可采用正方形、矩形或圆形。

③ 曝气生物滤池在滤池截面积过大时应分格,分格数不应少于 2 格。单格滤池的截

面积宜为 50~100 m²。

④ 曝气生物滤池下部宜选用机械强度高和化学稳定性好的鹅卵石作为承托层,并按一定级配布置。

⑤ 出水系统可采用周边出水或单侧堰出水,反冲洗排水和出水槽(渠)宜分开布置。应设置出水堰板等装置,防止反冲洗时滤料流失,调节出水平衡。

2. 池体计算

(1) 池体体积

池体体积宜按照容积负荷法计算,按水力负荷校核。

(2) 滤料体积

滤料体积可按下式计算:

$$V = Q(X_0 - X_e)/(1000L_{vx}) \tag{4-6}$$

式中:V——滤料体积(堆积体积),m³;

Q——设计进水流量,m³/d;

X_0——曝气生物滤池进水 X 污染物浓度,mg/L;

X_e——曝气生物滤池出水 X 污染物浓度,mg/L;

L_{vx}——X 污染物的容积负荷,取值见表 4-4,kg 污染物/(m³·d)。

该公式适用于碳氧化滤池、硝化滤池、反硝化滤池及碳氧化/硝化滤池等。

(3) 滤池总截面积

滤池总截面积可按下式计算:

$$A_n = V/H_1 \tag{4-7}$$

式中:A_n——滤池总截面积,m²;

V——滤料体积(堆积体积),m³;

H_1——滤料层高度,m。

(4) 单格滤池截面积

单格滤池截面积可按下式计算:

$$A_0 = A_n/n \tag{4-8}$$

式中:A_0——单格滤池截面积,m²;

n——滤池格数;

A_n——滤池总截面积,m²。

(5) 水力负荷

水力负荷可按下式计算:

$$q = Q/A_n \tag{4-9}$$

式中:q——水力负荷,m/h;

A_n——滤池总截面积,m²;

Q——设计进水流量,m³/d。

（6）滤池总高度

滤池总高度为滤料层高度、承托层高度、滤板厚度、配水区高度、清水区高度和滤池超高之和,可按下式计算:

$$H = H_1 + H_2 + H_3 + H_4 + H_5 + H_6 \qquad (4\text{-}10)$$

式中:H——滤池总高度,m;

　　H_1——滤料层高度,取值宜为 2.5~4.5 m;

　　H_2——承托层高度,取值宜为 0.3~0.4 m;

　　H_3——滤板厚度,m;

　　H_4——配水区高度,取值宜为 1.2~1.5 m;

　　H_5——清水区高度,取值宜为 0.8~1.0 m;

　　H_6——滤池超高,取值宜为 0.5 m。

BAF 各功能区层高分布示意见图 4-20。

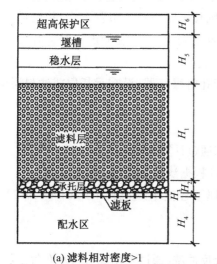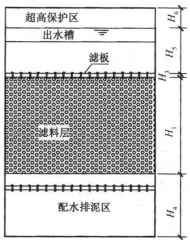

图 4-20　BAF 各功能区层高分布示意图

3. 滤料

（1）滤料一般规定

曝气生物滤池所用滤料应满足如下要求:① 形状规则,近似球形;② 具有较高的强度,不易磨损;③ 比表面积大,宜大于 1 m²/g;④ 亲水性能好;⑤ 不得使处理后的水产生有毒有害成分。

滤料相关技术性能参数要求及测定方法可参照《水处理用滤料》(CJ/T 43—2005)、《水处理用人工陶粒滤料》(CJ/T 299—2008)的相关规定。

（2）滤料粒径

滤料粒径宜取 2~10 mm。当采用多个滤池串联时,对于一级滤池或反硝化滤池,宜选用粒径为 4~10 mm 的滤料,对于二级及后续滤池,可选用粒径为 2~6 mm 的滤料。应根据工程实际情况及用户要求确定曝气生物滤池滤料的有效粒径(d_{10})、不均匀系数

（K_{80}）或均匀系数（K_{60}）。小于设计确定的最小粒径、大于设计确定的最大粒径的滤料的量均不应超过5%（以质量计）。

（3）滤料堆积密度

滤料堆积密度宜为750~900 kg/m³。

4. 布水布气

① 曝气生物滤池宜采用小阻力布水系统并宜用专用滤头，在滤料承托层下部设置缓冲配水室。

② 曝气生物滤池专用滤头安装于滤板上，其布置密度应根据工艺特点和滤头性能参数确定，通常不宜小于36个/m²。

③ 曝气生物滤池宜分别设置曝气系统和反冲洗供气系统，曝气量应由计算得到。

④ 曝气生物滤池的曝气类型宜为鼓风曝气，鼓风曝气系统由曝气风机、布气装置和一系列连通的管道及阀门组成。

⑤ 曝气生物滤池多格并联运行时，供氧风机宜采取一对一布置形式，并设置一定数量的备用风机。风机房装置的设计应符合有关规范规定，振动和噪声应符合有关部门规定，机房宜靠近滤池。

⑥ 曝气装置可采用单孔膜空气扩散器或穿孔管曝气器，设在承托层或滤料层中，宜采用支架固定或压件固定。

⑦ 布气系统应采取防止水倒流措施。

⑧ 空气扩散器布置密度应根据需氧量要求通过计算确定。

⑨ 滤池通过配气干管与支管供氧，配气管应根据滤池结构形式合理布置。

⑩ 需氧量计算参见《生物滤池法污水处理工程技术规范》（HJ 2014—2012）中的9.5.2节。

5. 反冲洗

① 曝气生物滤池的反冲洗宜采用气水联合反冲洗，通过专用滤头布水布气。

② 反冲洗水宜采用处理后的出水，反冲洗用水蓄水池应按照滤池单池反冲洗水量和反冲洗周期等综合确定。反冲洗周期与滤池负荷、过滤时间及滤池水头损失等相关，通常为24~72 h。

③ 气水联合反冲洗的冲洗强度及冲洗时间与滤池负荷、过滤时间等有关。

④ 应根据处理规模、单格滤池每次反冲洗水量等因素，合理设置反冲洗排水缓冲池，缓冲池有效容积不宜小于1.5倍的单格滤池反冲洗总水量。

6. 产泥量

① 曝气生物滤池产泥量可按照去除有机物后的污泥增加量和去除悬浮物的量两项之和计算，依据负荷不同而不同，每去除1 kgBOD₅可参考产生0.18~0.75 kg污泥量计算。

② 曝气生物滤池产生的泥水可排入缓冲池，沉淀后可排入滤池之前的沉淀池，整个处理工艺的污泥应合并处理。

第五章 厌氧生物法废水处理设备原理与设计

第一节 厌氧生物处理工艺的发展概况及特征

一、厌氧生物处理工艺的发展概况

厌氧消化过程一直广泛地存在于自然界中,但人类有意识地利用厌氧消化过程来处理废弃物,则始于1881年法国人Louis Mouras发明"自动净化器",随后人类开始较大规模地应用厌氧消化过程来处理城市污水(如化粪池、双层沉淀池等)和剩余污泥(如各种厌氧消化池等)。这些厌氧反应器现在统称为"第一代厌氧生物反应器",它们的共同特点是:① 水力停留时间(HRT)很长,在污泥处理时,有的污泥消化池的HRT会长达90天,目前很多现代化城市污水处理厂所采用的污泥消化池的HRT还长达20~30天;② 虽然HRT相当长,但处理效率仍十分低,处理效果很不好;③ 具有浓烈的臭味,因为在厌氧消化过程中原污泥中含有的有机氮或硫酸盐等会在厌氧条件下分别转化为氨氮或硫化氢,而它们都具有十分特别的臭味。以上这些特点抑制了厌氧生物处理的开发和应用。

进入20世纪五六十年代,特别是70年代的中后期,随着世界范围的能源危机的加剧,利用厌氧消化过程处理有机废水的研究得以强化,相继出现了一批被称为"现代高速厌氧消化反应器"的处理工艺,这些反应器又被统称为"第二代厌氧生物反应器",主要包括厌氧滤池、上流式厌氧污泥床(UASB)反应器、厌氧流化床、厌氧生物转盘和挡板式厌氧反应器等。它们的主要特点有:① HRT大大缩短,有机负荷大大提高,处理效率大大提高;② HRT与污泥停留时间(sludge retention time,SRT)分离,SRT相对很长,HRT则可以较短,反应器内生物量很大。以上这些特点彻底改变了原来人们对厌氧生物过程的认识,因此其实际应用也越来越广泛。

进入20世纪90年代以后,随着以颗粒污泥为主要特点的UASB反应器的广泛应用,在其基础上又发展了同样以颗粒污泥为根本的颗粒污泥膨胀床反应器和厌氧内循环反应器。其中,颗粒污泥膨胀床反应器利用外加的出水循环可以使反应器内部形成很大的上升流速,可以在较低温度下处理较低浓度的有机废水,如城市废水等;而厌氧内循环反应器则主要应用于处理高浓度有机废水,依靠厌氧生物过程本身所产生的大量沼气使内部混合液充分循环与混合,可以达到更高的有机负荷。这些反应器被统称为"第三代厌氧生物反应器"。

二、厌氧生物处理工艺的主要特征

（一）主要优点

与废水的好氧生物处理工艺相比，废水的厌氧生物处理工艺主要具有以下优点：

① 能耗大大降低，而且可以回收生物能（沼气）。因为厌氧生物处理工艺无需为微生物提供氧气，所以不需要鼓风曝气，减少了能耗，而且厌氧生物处理工艺在降低废水中有机物含量的同时，还会产生大量的沼气，其中主要的有效成分是甲烷。甲烷是一种可以燃烧的气体，具有很高的利用价值，可以直接用于锅炉燃烧或发电。

② 污泥产量很低。这是由于在厌氧生物处理过程中，废水中的大部分有机物都被用来产生沼气（甲烷和二氧化碳），用于细胞合成的有机物相对来说要少得多；同时，厌氧微生物的增殖速率比好氧微生物低得多，产酸菌的产率 Y 为 $0.15 \sim 0.34$ kgVSS/kgCOD，产甲烷菌的产率 Y 约为 0.03 kgVSS/kgCOD，而好氧微生物的产率为 $0.25 \sim 0.6$ kgVSS/kgCOD。其中，VSS 指挥发性固体悬浮物。

③ 厌氧微生物有可能对好氧微生物不能降解的一些有机物进行降解或部分降解。因此，对于某些含有难降解有机物的废水，利用厌氧工艺进行处理可以获得更好的处理效果，或者可以利用厌氧工艺作为预处理工艺，提高废水的可生化性，提升后续好氧生物处理工艺的处理效果。

（二）主要缺点

与废水的好氧生物处理工艺相比，废水的厌氧生物处理工艺主要存在以下缺点：

① 厌氧生物处理过程中所涉及的生化反应过程较为复杂。因为厌氧消化过程是由多种不同性质、不同功能的厌氧微生物协同工作的一个连续的生化过程，不同种属间细菌的相互配合或平衡较难控制，所以在运行厌氧反应器的过程中技术要求很高。

② 厌氧微生物特别是其中的产甲烷菌对温度、pH 等环境因素非常敏感，也使得厌氧生物反应器的运行和应用受到很多限制。

③ 虽然厌氧生物处理工艺在处理高浓度的工业废水时常常可以达到很高的处理效率，但其出水水质通常较差，一般需要利用好氧生物处理工艺进行进一步处理。

④ 厌氧生物处理产生的异味较大。

⑤ 对氨氮的去除效果不好，一般认为在厌氧条件下氨氮浓度不会降低，而且还可能由于废水中有机氮在厌氧条件下的转化，造成氨氮浓度的升高。

（三）厌氧生物处理技术是我国水污染控制的重要手段

我国高浓度有机工业废水排放量巨大，这些废水有机物浓度高，多含有大量的碳水化合物、脂肪、蛋白质、纤维素等有机物；随着能源价格上升、土地价格剧增、剩余污泥的处理费用越来越高，厌氧生物处理工艺的能耗低、污泥产量很低的突出优点也逐步体现。生态环境部也汇编了一系列厌氧生物法废水处理设备（厌氧生物处理反应器）的技术规范,主要有《水解酸化反应器污水处理工程技术规范》(HJ 2047—2015)、《完全混合式厌氧反应池废水处理工程技术规范》(HJ 2024—2012)、《厌氧颗粒污泥膨胀床反应器废水处理工程技术规范》(HJ 2023—2012)、《升流式厌氧污泥床反应器污水处理工程技术规范》(HJ 2013—2012)等,供设计时参考。

第二节　厌氧消化池

随着好氧生物处理工艺的广泛应用,产生的剩余污泥也越来越多,其稳定化处理的主要手段是厌氧消化。由此,厌氧消化池在传统消化池的基础上也得到逐步发展。1927年,人们首次在消化池中增加了加热装置,使产气速率显著提高;随后,增加了机械搅拌器,产气速率进一步提高;20世纪50年代,人们又开发了利用沼气循环的搅拌装置。带加热和搅拌装置的消化池被称为高速消化池,至今仍是城市污水处理厂中污泥处理的主要技术。

一、厌氧消化池的分类与厌氧消化系统的组成

厌氧消化池主要应用于处理城市污水厂的污泥,也可应用于处理固体含量很高的有机废水,如图5-1所示。它的主要作用是:① 将污泥中的一部分有机物转化为沼气;② 将污泥中的一部分有机物转化为稳定性良好的腐殖质;③ 提高污泥的脱水性能;④ 使污泥的体积减小1/2以上;⑤ 使污泥中的致病微生物得到一定程度的灭活,有利于污泥的进一步处理和利用。

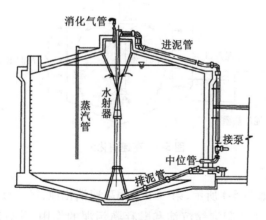

图5-1　厌氧消化池

(一)厌氧消化池的分类

厌氧消化池按其形状可分为圆柱形、椭圆形(卵形)和龟甲形等几种形式;按其池顶结构可分为固定盖式和浮动盖式;按其运行方式可分为传统消化池和高速消化池。

1. 传统消化池

传统消化池又称为低速消化池,如图 5-2 所示。由于池内没有设置加热和搅拌装置,所以有分层现象,一般分为浮渣层、上清液层、活性层、熟污泥层等,其中只有活性层中有有效的厌氧反应过程。因此,在传统消化池中只有部分容积有效。传统消化池的最大特点是消化反应速率很低,HRT 很长,一般为 30~90 天。

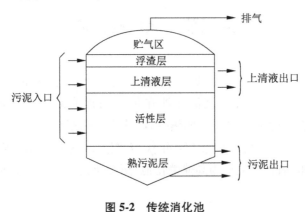

图 5-2　传统消化池

2. 高速消化池

高速消化池如图 5-3 所示。与传统消化池不同的是,高速消化池中设有加热和/或搅拌装置,这不仅缩短了有机物稳定所需的时间,也提高了沼气产量。在中温(30~35 ℃)条件下,其 HRT 为 15 天左右,运行效果稳定,但搅拌使高速消化池内的污泥得不到浓缩,上清液与熟污泥不易分离。

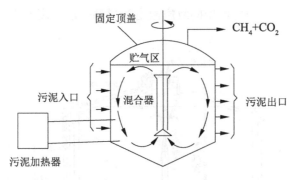

图 5-3　高速消化池

3. 两级串联消化池

两级串联消化池如图 5-4 所示,第一级采用高速消化池,第二级则采用不设搅拌和加热装置的传统消化池,主要起浓缩沉淀和贮存熟污泥的作用,并分离和排出上清液。第一级和第二级的 HRT 的比值可取 1:1~1:4,一般为 1:2。

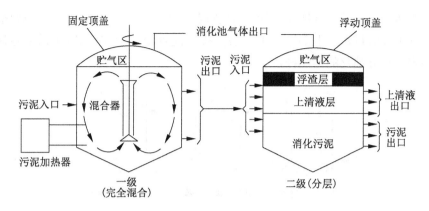

图 5-4　两级串联消化池

（二）厌氧消化系统的组成

污泥厌氧消化系统由消化池、进排泥系统、搅拌系统、加热系统和集气系统五部分组成。

1. 消化池

消化池按其容积是否可变,分为定容式和动容式两类。定容式是指消化池的容积在处理过程中不变化,也称为固定盖式。这种消化池往往需附设可变容的湿式气柜,用以调节沼气产量。动容式消化池的顶盖可上下移动,因而消化池的气相容积可随气体量的变化而变化。这种消化池也称为移动盖式消化池,其后一般不需设置气柜。动容式消化池适用于小型处理厂的污泥消化,国外采用较多。国内目前普遍采用的是定容式消化池。消化池按照池体形状可分为细高形、粗矮形及卵形,如图 5-5 所示。

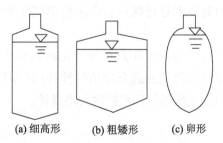

(a) 细高形　　(b) 粗矮形　　(c) 卵形

图 5-5　消化池形状

2. 进排泥系统

消化池的进泥与排泥方式有多种,包括上部进泥下部直排、上部进泥下部溢流排泥、下部进泥上部溢流排泥等方式,如图 5-6 所示。这三种方式国内处理厂都有采用,有的处理厂还同时设有两种进排泥方式,可任意选择。从运行管理的角度看,普遍认为上部进泥下部排泥方式为最佳。当采用下部直接排泥方式时,需要严格控制进排泥量平衡,进、排泥量稍有差别,便会引起工作液位的变化。若排泥量大于进泥量,则工作液位将下降,池内气相存在产生真空的危险;若排泥量小于进泥量,则工作液位将上升,气相的容积缩小或污泥从溢流管流走。当采用下部进泥上部溢流排泥方式时,消化效果降低。因为经充分消化的污泥的颗粒密度增大,当停止搅拌时,其会沉至下部,而未经充分消化的污泥会浮至上部被溢流排走。上部进泥下部溢流排泥能克服以上缺点,既不需要控制排泥,也不会将未经充分消化的污泥排走。

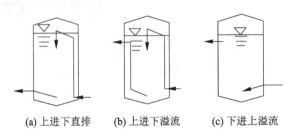

(a) 上进下直排　　(b) 上进下溢流　　(c) 下进上溢流

图 5-6　进排泥系统示意图

3. 搅拌系统

消化池内需保持良好的混合搅拌,否则池内料液必然会存在分层现象。搅拌能使污泥颗粒与厌氧微生物均匀混合,使消化池各处的污泥浓度、pH、微生物种群等保持均匀一致,并及时将热量传递至池内各部位,使加热均匀,减少池底泥沙的沉积与池面浮渣的形成。当出现有机物冲击负荷或有毒物质进入时,均匀地搅拌混合可使冲击负荷或毒性降至最低。搅拌良好的消化池的容积利用率可达到 70%,而搅拌不合理的消化池的容积利用率会降到 50% 以下。

常用的混合搅拌方式一般有三大类:机械搅拌、水力循环搅拌和沼气搅拌,如图 5-7 所示。机械搅拌是在消化池内装设搅拌桨或搅拌涡轮;水力循环搅拌是在消化池内设导流筒,在筒内安装螺旋推进器,使污泥在池内实现循环;沼气搅拌是将消化池气相的沼气抽出,经压缩后再通回池内对污泥进行搅拌。常用的沼气压缩设备有罗茨鼓风机、滑片式压缩机和液环式压缩机。

以上搅拌方式各有利弊,采用的搅拌方式与消化池的形状有关。一般来说,细高形消化池适合用机械搅拌,粗矮形消化池适合用沼气搅拌,具体与搅拌设备的布置形式及设备本身的性能有关;卵形消化池用沼气搅拌的效果最佳。

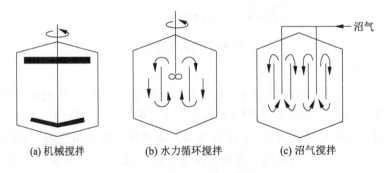

(a) 机械搅拌　　　　(b) 水力循环搅拌　　　　(c) 沼气搅拌

图 5-7　搅拌系统示意图

4. 加热系统

要使消化液保持在所要求的温度,就必须对消化池进行加热。加热方法分池内加热和池外加热两类。

　　池内加热是指将热量直接通入消化池内,对污泥进行加热,有热水加热和蒸汽直接加热两种方法,如图 5-8 所示。前一种方法的缺点是热效率较低,循环热水管外层易结泥壳,使得热传递效率进一步降低;后一种方法热效率虽较高,但会使污泥的含水率升高,增大污泥量。两种方法均需保持良好的混合搅拌。

　　池外加热是指将污泥在池外进行加热,有生污泥预热和循环加热两种方法,如图 5-9 所示。前者是将生污泥在预热池内首先加热到所要求的温度,再进入消化池;后者是将池内污泥抽出,加热至要求的温度后再送回池内。循环加热方法采用的热交换器有三种:套管式、管壳式、螺旋板式。

　　在很多污泥处理系统中,以上加热方法常联合采用。例如,利用沼气发动机的循环冷却水对消化池进行池外循环加热,同时采用热水或热蒸汽进行池内加热;以池内蒸汽加热为主,并在预热池进行池外初步预热。

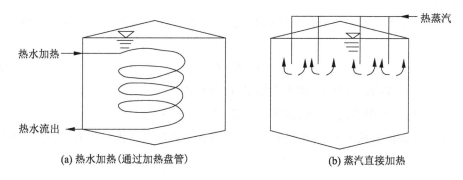

(a) 热水加热(通过加热盘管)　　　　　(b) 蒸汽直接加热

图 5-8　池内加热系统示意图

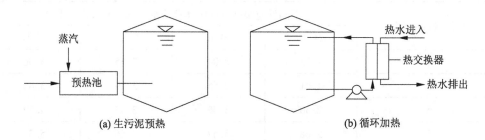

(a) 生污泥预热　　　　　(b) 循环加热

图 5-9　池外加热系统示意图

5. 集气系统

　　集气系统包括气柜和管路。气柜常采用低压浮盖式湿式气柜,其储气容量一般为消化系统 6~10 h 的产气量。沼气管路系统应设置压力控制、取样、测湿、测压、除湿、脱硫、水封阻火、通气报警等装置。

　　消化池一般由池顶、池底和池体三部分组成。消化池的池顶有两种形式,即固定盖和浮动盖,池顶一般还兼做集气罩,可以收集消化过程中所产生的沼气;消化池的池底一般为倒圆锥形,有利于排放熟污泥。

二、消化池的设计与计算

（一）消化池的池体设计

目前,国内一般按污泥投配率来计算所需的消化池容积,即

$$V = V'/p \qquad (5-1)$$

式中:V——消化池的有效容积,m^3;

V'——每天需要处理的新鲜污泥的体积,m^3/d;

p——污泥投配率。

一般当采用高速消化池来处理来自城市生活污水处理厂的剩余污泥时,在消化温度为 30~35 ℃时,投配率 p 可取 6%~18%;在实际工程中,一般要求消化池不少于 2 个,以便轮流检修。

如果按固体负荷率来计算消化池的有效容积,那么高速消化池的有效容积可按下式计算:

$$V = G_s/L_v \qquad (5-2)$$

式中:G_s——每日需要处理的污泥干固体量,kgVSS/d;

L_v——单位容积消化池的固体负荷率,kgVSS/($m^3 \cdot$ d)。

一般认为固体负荷率 L_v 与污泥的含固率、消化池内的反应温度等有关,可参考表 5-1 取值。

表 5-1　消化池内固体负荷率

污泥含固率/%	不同反应温度下的固体负荷率/(kgVSS · m⁻³ · d⁻¹)			
	24 ℃	29 ℃	33 ℃	35 ℃
4	1.53	2.04	2.55	3.06
5	1.91	2.55	3.19	3.83
6	2.30	3.06	3.83	4.59
7	2.68	3.57	4.46	5.36

（二）消化池的结构尺寸

在确定所需消化池的有效容积后,就可计算消化池各部分的结构尺寸。一般要求如下:

① 圆柱形池体的直径一般为 6~35 m;

② 圆柱形池体的高与直径之比为 1:2;

③ 池底坡度一般为 0.08;

④ 池顶部的集气罩的高度和直径相同,一般为 2.0 m;

⑤ 池顶至少设两个直径为 0.7 m 的人孔。

三、沼气的收集与利用

污泥和高浓度有机废水进行厌氧消化时均会产生大量沼气,沼气的热值很高(一般为 $21000 \sim 25000$ kJ/m^3),是一种可利用的生物能源。

(一)污泥消化过程中沼气产量的估算

一般认为沼气成分为 CH_4(占 $50\% \sim 70\%$)、CO_2(占 $20\% \sim 30\%$)、H_2(占 $2\% \sim 5\%$)、N_2(占 $5\% \sim 10\%$)、H_2S(微量)等。沼气产率是指每处理单位体积的生污泥所产生的沼气量(即 m^3 沼气/m^3 生污泥)。沼气产率与污泥的性质、污泥投配率、污泥含水率、发酵温度等有关。当污泥来自城市污水处理厂,生污泥含水率为 96% 时:中温消化,投配率为 $6\% \sim 8\%$,沼气产率可达 $10 \sim 12$ m^3 沼气/m^3 生污泥;高温消化,投配率为 $6\% \sim 8\%$,沼气产率可达 $22 \sim 26$ m^3 沼气/m^3 生污泥;投配率为 $13\% \sim 15\%$,沼气产率可达 $13 \sim 15$ m^3 沼气/m^3 生污泥。

(二)沼气的收集

收集沼气时应做到:在沿程沼气管道上应设置凝结水罐;注意安全;在沼气管道上设置阻火器;为防止冬季结冰引起堵塞,有时在沼气管道上还应采取保温措施。

(三)沼气的贮存与利用

沼气贮存可采用低压湿式储气柜、低压干式储气柜和高压储气柜。储气柜与周围建筑物应有一定的安全防火距离。储气柜容积应根据不同用途确定:

① 沼气用于民用炊事时,储气柜的容积按日产气量的 $50\% \sim 60\%$ 计算;

② 沼气用于锅炉、发电时,应根据沼气供应平衡曲线确定储气柜的容积;无平衡曲线时,储气柜的容积应不低于日产气量的 10%。

沼气储气柜输出管道上宜设置安全水封或阻火器。沼气利用工程应设置燃烧器,严禁随意排放沼气,应采用内燃式燃烧器。

沼气净化利用设计应符合《沼气工程技术规范 第 1 部分:工程设计》(NY/T 1220.1—2019)、《沼气工程技术规范 第 2 部分:输配系统设计》(NY/T 1220.2—2019)和《建筑设计防火规范》(GB 50016—2014)的有关规定。

沼气经过脱水和脱硫处理后方可进入后续利用装置。

第三节　厌氧生物滤池

一、厌氧生物滤池主要形式与工艺特征

20 世纪 60 年代末,美国的 Young 和 McCarty 首先开发出厌氧生物滤池;1972 年以

后,大批厌氧生物滤池投入运行,它们所处理的废水的 COD 浓度范围较宽,在 300 ~ 85000 mg/L 之间,处理效果良好,运行管理方便。与好氧生物滤池相似,厌氧生物滤池是装填有滤料的厌氧生物反应器,在滤料的表面形成了以生物膜形态生长的微生物群体,在滤料的空隙中则有大量悬浮生长的厌氧微生物,废水通过滤料层向上流动或向下流动时,废水中的有机物被截留、吸附及分解转化为甲烷和二氧化碳等。

根据废水在厌氧生物滤池中的流向的不同,厌氧生物滤池可分为升流式厌氧生物滤池、降流式厌氧生物滤池两种形式,如图 5-10 所示。

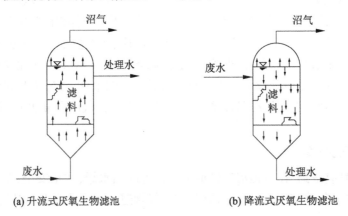

(a) 升流式厌氧生物滤池   (b) 降流式厌氧生物滤池

图 5-10　厌氧生物滤池的类型

从工艺运行的角度,厌氧生物滤池具有以下特点:

① 厌氧生物滤池中的厌氧生物膜的厚度为 1~4 mm。

② 与好氧生物滤池一样,其生物固体浓度随滤料层高度而有变化。

③ 降流式厌氧生物滤池中的生物固体浓度的分布较升流式更均匀。

④ 厌氧生物滤池适合处理多种类型、浓度的有机废水,其有机负荷为 0.2~16 kgCOD/ $(m^3 \cdot d)$。

⑤ 当进水 COD 浓度过高(>8000 mg/L)时,应采用出水回流的措施,以减少厌氧消化对碱度的要求。

与传统的厌氧生物处理工艺相比,厌氧生物滤池的突出优点如下:

① 生物固体浓度高,有机负荷高。

② SRT 长,可缩短 HRT,耐冲击负荷能力强。

③ 启动时间较短,停止运行后的再启动也较容易。

④ 无需回流污泥,运行管理方便。

⑤ 运行稳定性较好。

厌氧生物滤池的主要缺点是易堵塞,会给运行带来困难。

二、厌氧生物滤池的组成

厌氧生物滤池的主要组成部分包括滤料、布水系统、沼气收集系统。

（一）滤料

1. 滤料应具备的条件

滤料是厌氧生物滤池的主体,其主要作用是提供微生物附着生长的表面及悬浮生长的空间,因此,滤料应具备下列条件:① 比表面积大,以利于增加厌氧生物滤池中的生物量;② 孔隙率大,以截留并保持大量悬浮微生物,同时也可防止堵塞;③ 表面粗糙度较大,以利于厌氧细菌附着生长;④ 其他方面,如机械强度高、化学和生物学稳定性好、质量轻、价格低廉等。

很多研究者对多种不同的滤料进行过研究,得出的结论也不尽相同。例如,有人认为滤料的孔隙率更重要,即他们认为在厌氧生物滤池中悬浮细菌所起的作用更大;也有人认为滤料最重要的特性是粗糙度、孔隙率及孔隙大小。

2. 滤料的分类

在厌氧生物滤池中经常使用的滤料可以简单分为如下几种:

① 空心块状滤料:多用塑料制成,呈圆柱形或球形,内部有不同形状和大小的孔隙;比表面积和孔隙率都较大。

② 管流型滤料:包括塑料波纹板和蜂窝填料等;比表面积为 $100 \sim 200 \ m^2/m^3$,孔隙率可达 $80\% \sim 90\%$;有机负荷可达 $5 \sim 15 \ kgCOD/(m^3 \cdot d)$。

③ 纤维滤料:包括软性尼龙纤维滤料、半软性聚乙烯滤料、聚丙烯滤料、弹性聚苯乙烯滤料;比表面积和孔隙率都较大;偶有纤维结团现象;价格较低,应用普遍。

（二）布水系统

在厌氧生物滤池中,布水系统的作用是将进水均匀分配于全池,因此在设计计算时,应特别注意孔口的大小和流速。

三、厌氧生物滤池的设计

厌氧生物滤池设计的主要内容包括:① 滤料的选择;② 滤料体积的计算;③ 布水系统的设计;④ 沼气收集系统的设计等。但目前尚无定型的设计计算程序,所以以下仅介绍滤料体积的计算方法和某些关键设计参数的选取。

滤料体积的计算方法仍以有机负荷法为主,即

$$V = Q(S_i - S_e)/L_{vCOD} \tag{5-3}$$

式中:S_i——进水 COD 浓度,mg/L;

S_e——出水 COD 浓度,mg/L;

L_{vCOD}——有机容积负荷,一般为 $0.5 \sim 12 \ kgCOD/(m^3 \cdot d)$,需要根据具体的废水水质及经验数据或直接的试验结果最终确定。

一般来说,厌氧生物滤池的有机容积负荷可达 $0.5 \sim 12 \ kgCOD/(m^3 \cdot d)$;有机物去除率可达 $60\% \sim 95\%$;一般采用的滤料层的高度为 $2 \sim 5 \ m$;相邻进水孔口距离为 $1 \sim 2 \ m$（不大于 $2 \ m$）。

第四节 UASB 反应器

一、UASB 反应器的基本原理与特征

UASB 反应器即上(升)流式厌氧污泥床(层)反应器,是由荷兰 Wageningen 农业大学的 Gatze Lettinga 教授于 20 世纪 70 年代初开发出来的。

UASB 反应器主要由进水配水系统、反应区、三相分离器、出水系统、气室、浮渣收集系统、排泥系统等组成。反应器的上部设置气、液、固三相分离器,下部为进水系统和污泥床区。废水由池底进入反应器,向上经反应器顶部流出;污泥床区可以保持很高的污泥浓度,废水中的大部分有机物在此被转化为 CH_4 和 CO_2,UASB 反应器能达到较高生物量和较高有机容积负荷。反应器内没有填料,不设搅拌,上升的水流和产生的沼气可满足搅拌要求。UASB 反应器的工作原理如图 5-11 所示。

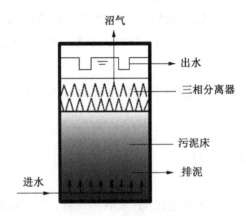

图 5-11 UASB 反应器的工作原理示意图

UASB 反应器主要具有如下工艺特征:

① 反应器的上部设置了气、固、液三相分离器;

② 反应器底部设置了均匀配水系统;

③ 反应器内的污泥能形成颗粒污泥,颗粒污泥的直径为 0.1~0.5 cm,湿比重为 1.04~1.08,具有良好的沉降性能和很高的产甲烷活性。

与厌氧生物滤池相比,UASB 反应器具有如下主要特点:

① 污泥的颗粒化使反应器内的污泥平均浓度在 50 gVSS/L 以上,污泥龄一般为 30 天以上;

② 反应器的水力停留时间相应较短;

③ 反应器具有很高的容积负荷;

④ 不仅适合处理高浓度的有机工业废水,也适合处理较低浓度的城市污水;

⑤ UASB 反应器集生物反应和沉淀分离于一体,结构紧凑;

⑥ 无须设置填料,节省了费用,提高了容积利用率;

⑦ 构造简单,操作运行方便。

二、UASB 反应器的组成

UASB 反应器的主要组成部分包括进水配水系统、反应区、三相分离器、出水系统、气室、浮渣收集系统、排泥系统。

(一) 进水配水系统

进水配水系统的功能主要体现在两个方面:① 将废水均匀地分配到整个反应器的底部;② 水力搅拌。有效的进水配水系统是保证 UASB 反应器高效运行的关键之一。

(二) 反应区

反应区是 UASB 反应器中生化反应发生的主要场所,又分为污泥床区和污泥悬浮区。污泥床区主要集中了大部分高活性的颗粒污泥,是有机物的主要降解场所;污泥悬浮区则是絮状污泥集中的区域。

(三) 三相分离器

三相分离器由沉淀区、回流缝和气封等组成,其主要功能有:① 将气体(沼气)、固体(污泥)和液体(出水)分开;② 保证出水水质;③ 保证反应器内污泥量;④ 有利于污泥颗粒化。

(四) 出水系统

出水系统的主要作用是均匀收集经过沉淀区的出水,并排出反应器。

(五) 气室

气室也称集气罩,其主要作用是收集沼气。

(六) 浮渣收集系统

浮渣收集系统的主要功能是清除沉淀区液面和气室液面的浮渣。

(七) 排泥系统

排泥系统的主要功能是均匀地排出反应器内的剩余污泥。

三、UASB 反应器的类型

一般来说,UASB 反应器主要有两种类型,即开敞式 UASB 反应器和封闭式 UASB 反应器,如图 5-12 所示。

（一）开敞式 UASB 反应器

开敞式 UASB 反应器的顶部不加密封装置,或仅加一层不太密封的盖板;多用于处理中低浓度的有机废水;其构造较简单,易于施工安装和维修。

（二）封闭式 UASB 反应器

封闭式 UASB 反应器的顶部加盖密封,这样就在 UASB 反应器内的液面与池顶之间形成气室;主要适用于高浓度有机废水的处理;这种形式实际上与传统厌氧消化池有一定的类似,其池顶也可以做成浮动盖式。

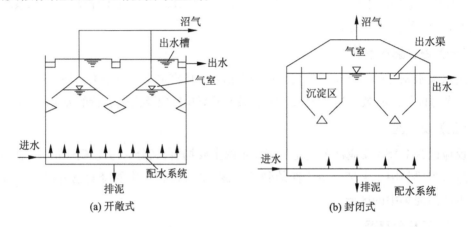

图 5-12　UASB 反应器的类型

在实际工程中,UASB 的断面形状一般可以做成圆形或矩形,矩形断面便于三相分离器的设计和施工。UASB 反应器的主体常为钢结构或钢筋混凝土结构。UASB 反应器一般不在反应器内部直接加热,而是将进入反应器的废水预先加热,UASB 反应器本身多采用保温措施。反应器内壁必须采取防腐措施,因为在厌氧反应过程中会有较多的硫化氢或其他具有强腐蚀性的物质产生。

四、UASB 反应器的设计

（一）UASB 反应器池体

UASB 反应器的容积宜采用容积负荷法计算,即

$$V=\frac{QS_0}{1000N_V} \tag{5-4}$$

式中:V——反应器有效容积,m^3;

Q——设计处理量,m^3/d;

S_0——进水有机物浓度,mgCOD/L;

N_V——容积负荷,kgCOD/($m^3\cdot d$)。

反应器的容积负荷应通过试验或参照类似工程确定,在缺少相关资料时可参考《升

流式厌氧污泥床反应器污水处理工程技术规范》(HJ 2013—2012)附录 A 的有关内容确定。处理中、高浓度复杂废水的 UASB 反应器的容积负荷可参考表 5-2。

表 5-2 处理中、高浓度复杂废水的 UASB 反应器采用的容积负荷

废水 COD 浓度/(mg·L⁻¹)	在 35 ℃采用的容积负荷/(kgCOD·m⁻³·d⁻¹)	
	颗粒污泥	絮状污泥
2000~6000	4~6	3~5
6000~9000	5~8	4~6
>9000	6~10	5~8

*注:高温厌氧情况下反应器的容积负荷宜在本表的基础上适当提高。

UASB 反应器池体一般设计参数:UASB 反应器工艺设计宜设置两个平行的反应器,具备可灵活调节的运行方式,且便于污泥培养和启动。反应器的最大单体体积应小于 3000 m^3。UASB 反应器的有效水深应在 5~8 m 之间。UASB 反应器内废水的上升流速宜小于 0.8 m/h。

UASB 反应器的建筑材料应符合下列要求:

① UASB 反应器宜采用钢筋混凝土、不锈钢、碳钢等材料;

② UASB 反应器应进行防腐处理,钢筋混凝土结构宜在气液交界面上下 1.0 m 处采用环氧树脂防腐,碳钢结构宜采用可靠的防腐材料;

③ 钢制 UASB 反应器的常用保温材料有聚苯乙烯泡沫塑料、聚氨酯泡沫塑料、玻璃丝棉、泡沫混凝土、膨胀珍珠岩等。

(二)布水装置

UASB 反应器宜采用多点布水装置,进水管负荷可参考表 5-3。

表 5-3 进水管负荷

典型污泥	每个进水口负责的布水面积/m²	负荷/(kgCOD·m⁻³·d⁻¹)
颗粒污泥	0.5~2	2~4
	>2	>4
絮状污泥	1~2	<1~2
	2~5	>2

布水装置宜采用一管多孔式、一管一孔式或枝状。布水装置进水点与反应器池底宜保持 150~250 mm 的距离。一管多孔式布水孔口流速应大于 2 m/s,穿孔管直径应大于 100 mm。枝状布水支管出水孔向下距池底宜为 200 mm;出水管孔径应在 15~25 mm 之间;出水孔宜 45°斜向下,应正对池底。

(三)三相分离器

宜采用整体式或组合式的三相分离器,三相分离器基本构造见图 5-13。

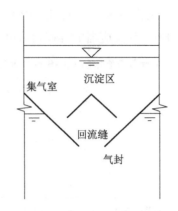

图 5-13　三相分离器基本构造图

沉淀区的表面负荷宜小于 0.8 m³/（m²·h），沉淀区总水深应大于 1.0 m；出气管的直径应保证能从集气室引出沼气。集气室的上部应设置消泡喷嘴。三相分离器宜选用高密度聚乙烯（HDPE）、碳钢、不锈钢等材料，如采用碳钢材质，还应进行防腐处理。

(四) 出水收集装置

出水收集装置应设在 UASB 反应器顶部。断面为矩形的反应器宜采用几组平行出水堰的出水方式，断面为圆形的反应器宜采用放射状的多槽或多边形槽出水方式。集水槽上应加设三角堰，堰上水头大于 25 mm，水位宜在三角堰齿 1/2 处。出水堰口负荷宜小于 1.7 L/（s·m）。

废水中若含有蛋白质或脂肪、大量悬浮固体，宜在出水收集装置前设置挡板。UASB 反应器进出水管道宜采用聚氯乙烯（PVC）、聚乙烯（PE）、聚丙烯（PP）等材料。

第五节　EGSB 反应器

EGSB（expanded granular sludge bed）反应器即厌氧颗粒污泥膨胀床反应器，是在 UASB 基础上发展起来的第三代厌氧生物反应器，是由荷兰 Wageningen 农业大学的 Gatze Lettinga 等于 20 世纪 90 年代初开发出来的。该工艺实质上是固体流态化技术在有机废水生物处理领域的具体应用，固体流态化技术是一种改善固体颗粒与流体间的接触，并使混合液呈现阶段流体性状的技术。与 UASB 反应器相比，EGSB 反应器不仅增加了出水再循环部分，使得反应器内的液体上升流速远远高于 UASB 反应器，还加强了废水和微生物之间的接触。正是由于这种独特的技术优势，EGSB 反应器可用于处理多种有机废水，并取得了良好的效果。

一、EGSB 反应器的结构和工作原理

EGSB 反应器的结构如图 5-14 所示，其主要由布水装置、污泥床、三相分离器和外循

环组成。废水由反应器底部的布水装置均匀进入反应区。在水流均匀向上流动的过程中,废水中的有机物与反应区内的厌氧污泥充分接触,被厌氧菌所分解利用。通过一系列复杂的生化反应,高分子有机物转化为小分子的挥发性有机酸和甲烷。通过特殊设计的三相分离器进行气、固、液分离后,沼气由气室收集,污泥由沉淀区沉淀后进入污泥床,沉淀后的处理水以溢流的方式从反应器上部流出。EGSB 反应器高负荷、高效率的关键在于反应器能够保持很高的微生物量。由于三相分离器设计合理,能截流大部分的厌氧絮状污泥,所以 EGSB 反应器能保持较高的微生物量,并且能在较短时间内形成颗粒污泥。由于颗粒污泥的沉降性好,加上三相分离器的有效截流作用,因此即使在较高的水力上升流速和气体上升流速下,颗粒污泥也不会随着出水而流失,这使得反应器处于良性循环,能够长期保持高活性、高浓度的颗粒污泥。

颗粒污泥具有良好的沉降性和较高的产甲烷性,使得反应器具有较高的水力上升流速,故各颗粒污泥处于膨胀状态,与废水中的有机物接触更加充分,从而传质效率高,有机物去除率高。较高的水力上升流速使得反应器的水力停留时间大大缩短,从而极大地缩小了反应器容积,提高了容积负荷。一般在实际工程中 EGSB 反应器的容积负荷为 $10 \sim 20$ kgCOD/$(m^3 \cdot d)$。

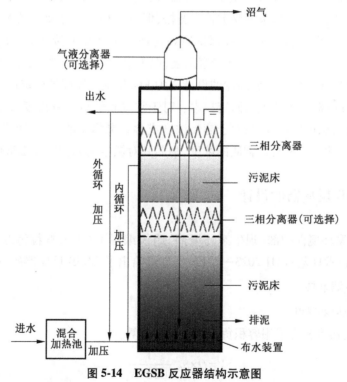

图 5-14　EGSB 反应器结构示意图

二、EGSB 反应器的特点

在构造方面,EGSB 反应器与 UASB 反应器有相似之处,可以分为进水配水系统、反应区、三相分离区和出水渠系统;不同之处在于,EGSB 反应器设有专门的出水回流系统。EGSB 反应器作为一种改进型的 UASB 反应器,虽然在结构形式、污泥形态等方面与 UASB 反应器非常相似,但其工作运行方式与 UASB 反应器截然不同。在 EGSB 反应器中,较高的水力上升流速使颗粒污泥床处于膨胀状态,不仅能使进水与颗粒污泥充分接触,提高传质效率,而且有利于基质和代谢产物在颗粒污泥内外的扩散、传送,保证了反应器在较高的容积负荷条件下正常运行。

与 UASB 反应器相比,EGSB 反应器具有以下特点:

① EGSB 反应器能在高负荷下取得较高的处理效率,在处理进水 COD 浓度低于 1000 mg/L 的废水时仍能有很高的负荷和去除率。

② EGSB 反应器适合处理常温低浓度废水,对难降解有机物、大分子脂肪酸类化合物、含盐量高的废水、悬浮固体含量高的废水有相当好的适应性。

③ EGSB 反应器以颗粒污泥接种,污泥活性高、沉降性能好、颗粒强度高。

④ EGSB 反应器内能维持很高的水力上升流速,固液混合状态好。在 UASB 反应器中,最大上升流速不宜超过 0.5 m/h,而 EGSB 反应器内上升流速可高达 3~7 m/h。因此可采用较大的高径比(3~8),细高形的反应器可有效减少占地面积。

⑤ EGSB 反应器对布水系统要求较为宽松,但对三相分离器要求较为严格。高水力负荷使得反应器内搅拌强度加大,在保证颗粒污泥与废水充分接触的同时,有效地解决了 UASB 反应器常见的短流、死角和堵塞问题,但高水力负荷和生物气浮力搅拌的共同作用使污泥易流失。因此,三相分离器的设计成为 EGSB 反应器高效稳定运行的关键。

⑥ EGSB 反应器采用处理水回流技术。对于常温和低负荷有机废水,回流可增加反应器的水力负荷,保证处理效果;对于超高浓度或含有毒物质的废水,回流可以稀释进入反应器内的基质的浓度和有毒物质的浓度,削弱其对微生物的抑制和毒害作用。

三、EGSB 反应器的设计

2012 年国家环境保护部(现生态环境部)组织编写了《厌氧颗粒污泥膨胀床反应器废水处理工程技术规范》(HJ 2023—2012)。本章给出了 EGSB 反应器的一般设计方法。

(一)反应器池体

1. EGSB 反应器容积

EGSB 反应器容积宜采用容积负荷法按下式计算。

$$V = Q \times S_0 \frac{1}{1000 \times N_V} \tag{5-5}$$

式中:V——反应器有效容积,m^3;

Q——EGSB 反应器设计流量,m^3/d;

S_0——进水有机物浓度,$mgCOD/L$;

N_V——容积负荷,$kgCOD/(m^3 \cdot d)$。

反应器的容积负荷应通过试验或参照类似工程确定,在缺少相关资料时可参考 HJ 2023—2012 附录 A 的有关内容确定。

2. 一般规定

① EGSB 反应器的个数不宜少于两个,并应按并联设计,具备可灵活调节的运行方式,且便于污泥培养和启动。

② EGSB 反应器的有效水深宜在 15~24 m。

③ EGSB 反应器内废水的上升流速宜在 3~7 m/h。

④ EGSB 反应器宜为圆柱状塔形,反应器的高径比宜在 3~8。

⑤ EGSB 反应器的建筑材料应符合下列要求:EGSB 反应器宜采用不锈钢、加防腐涂层的碳钢等材料,也可采用钢筋混凝土结构;钢制 EGSB 反应器的保温材料常用的有聚苯乙烯泡沫塑料、聚氨酯泡沫塑料、玻璃丝棉、泡沫混凝土、膨胀珍珠岩等。

(二)布水装置

布水装置宜采用一管多孔式布水和多管布水方式。

① 一管多孔式布水:孔口流速应大于 2 m/s,穿孔管直径应大于 100 mm,配水管中心与反应器池底宜保持 150~250 mm 的距离。

② 多管布水:每个进水口负责的布水面积宜为 2~4 m²。

(三)三相分离器

宜采用整体式或组合式的三相分离器,三相分离器基本构造见图 5-15。

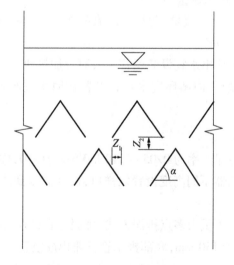

图 5-15　三相分离器基本构造

① 整体式三相分离器斜板倾角 α 的范围为 55°~60°;分体式三相分离器反射板与缝隙之间的遮盖 Z_1 宜为 100~200 mm,层与层之间的间距范围 Z_2 宜为 100~200 mm。

② EGSB 反应器可采用单级三相分离器,也可采用双级三相分离器。

③ 设置双级三相分离器时,下级三相分离器宜设置在反应器中部,覆盖面积宜为反

应器塔体的 50%~70%,上级三相分离器宜设置在反应器上部。

④ 出气管的直径应保证能从集气室引出沼气。

⑤ 待处理废水中含有蛋白质、脂肪或大量悬浮固体时,宜在出水收集装置前设置消泡喷嘴。

⑥ 三相分离器宜选用聚丙烯(PP)、碳钢、不锈钢等材料,如采用碳钢材质应进行防腐处理。

(四)出水收集装置

① 出水收集装置应设在 EGSB 反应器顶部。

② 圆柱形 EGSB 反应器宜采用放射状的多槽或多边形槽出水方式。

③ 集水槽上应加设三角堰,堰上水头应大于 25 mm,水位宜在三角堰齿 1/2 处。

④ 出水堰口负荷宜小于 1.7 L/(s·m)。

⑤ EGSB 反应器进出水管道宜采用聚氯乙烯(PVC)、聚乙烯(PE)、聚丙烯(PP)、不锈钢、高密度聚乙烯(HDPE)等材料。

(五)循环装置

① EGSB 反应器有外循环和内循环两种方式。EGSB 反应器的外循环和内循环均由水泵加压实现,回流比根据上升流速确定,上升流速按下式计算。

$$v = (Q + Q_m)/A \tag{5-6}$$

式中:v——反应器空塔上升流速,m/h;

Q——EGSB 反应器进水流量,m^3/h;

Q_m——EGSB 反应器回流流量(包括内回流和外回流),m^3/h;

A——反应器表面积,m^2。

② EGSB 反应器外循环出水宜设旁通管接入混合加热池。

③ EGSB 反应器外循环、内循环进水点宜设置在原水进水管道上,回流水与原水混合后一起进入反应器。

(六)排泥装置

① EGSB 反应器的污泥产率为 0.05~0.10 kgVSS/kgCOD,排泥频率宜根据污泥浓度分布曲线确定。应在反应器不同高度设置取样口,根据监测到的污泥浓度绘制污泥浓度分布曲线。

② EGSB 反应器宜采用重力多点排泥方式,排泥点宜设在污泥区的底部。

③ 排泥管管径应大于 150 mm,底部排泥管可兼作放空管。

(七)气液分离器

设置双级三相分离器时,反应器顶部宜设置气液分离器,气液分离器与三相分离器通过集气管相连接。

(八)剩余污泥

① EGSB 反应器应设置污泥储存设施,排出的剩余污泥经过静置排水后作为接种污泥。

② 如不考虑储存,EGSB 反应器的污泥宜和好氧池剩余污泥合并后一同脱水处理。污泥处理要求参照《室外排水设计标准》(GB 50014—2021)的规定,经处理后的污泥处置应符合国家的相关规定。

第六节　IC 厌氧反应器

20 世纪 80 年代中期荷兰帕克(PAQUES)公司开发了内循环(internal circulation,IC)厌氧反应器,它是在 UASB 反应器的基础上发展起来的厌氧反应器。目前,该反应器已经成功地应用于啤酒生产、造纸及食品加工等行业的生产废水的处理。与 UASB 反应器相比,IC 厌氧反应器具有处理容量大、投资少、占地面积小、运行稳定等优点,因而受到各国废水处理工作者的关注。

一、IC 厌氧反应器的基本构造和原理

IC 厌氧反应器的基本构造如图 5-16 所示。IC 厌氧反应器构造的显著特点是具有很大的高径比,一般可达 4~8,反应器的高度可达 16~25 m。因此,从外形上看,IC 厌氧反应器实际上是厌氧生化反应塔。

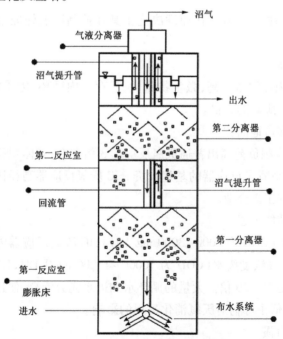

图 5-16　IC 厌氧反应器的基本构造

由图 5-16 可知,进水通过泵由反应器底部进入第一反应室,与该室内的厌氧颗粒污泥均匀混合。废水中所含的大部分有机物在这里被转化成沼气,所产生的沼气被第一反应

室的集气罩收集,沼气将沿着提升管上升。沼气上升的同时,把第一反应室的部分混合液提升至设在反应器顶部的气液分离器,被分离的沼气由气液分离器顶部的沼气排出管排出。分离出的泥水混合物将沿着回流管回流到第一反应室底部,并与底部的颗粒污泥和进水充分混合,实现第一反应室混合液的内部循环。内循环的结果是:第一反应室不仅有很高的生物量、很长的污泥龄,还具有很大的升流速度,使该室的颗粒污泥完全达到流化状态,强化了传质,使生化反应速率提高,从而大大提升第一反应室去除有机物的能力。

经过第一反应室处理的废水,经第一分离器进行三相分离,然后会自动进入第二反应室继续处理,废水中的剩余有机物可被第二反应室的厌氧颗粒污泥进一步降解,使废水得到更好的净化,提高出水水质。产生的沼气由第二反应室的集气罩收集,通过沼气提升管进入气液分离器。第二反应室的泥水混合液进入第二分离器的沉淀区进行固液分离,处理的上清液由出水渠排走,沉淀下来的污泥可自动返回第二反应室。

综上可以看出,IC厌氧反应器实际上是由两个上下重叠的UASB反应器串联组成的。下面的UASB反应器产生的沼气作为提升的内动力,使沼气提升管与回流管的混合液产生密度差,实现下部混合液的内循环,使废水得到强化预处理。上面的UASB反应器对废水继续进行后处理(或称精处理),使出水达到预期的处理要求。

二、IC厌氧反应器的特点

IC厌氧反应器的构造及其工作原理决定了其在控制厌氧处理影响因素方面比其他反应器更具优势。

(1)容积负荷高

IC厌氧反应器内污泥浓度高,微生物量大,且存在内循环,传质效果好,进水容积负荷可超过普通厌氧反应器的3倍。

(2)节省投资和占地面积

IC厌氧反应器容积负荷高出普通厌氧反应器3倍左右,其体积相当于普通厌氧反应器的1/4~1/3,大大节省了反应器的基建投资。IC厌氧反应器高径比很大,占地面积小,非常适合用地紧张的工矿企业。

(3)抗冲击负荷能力强

处理低浓度废水(COD为2000~3000 mg/L)时,IC厌氧反应器内循环流量可达到进水量的2~3倍;处理高浓度废水(COD为10000~15000 mg/L)时,IC厌氧反应器内循环流量可达到进水量的10~20倍。大量的循环水和进水充分混合,使进水中的有害物质得到充分稀释,大大降低了毒物对厌氧消化过程的影响。

(4)抗低温能力强

温度对厌氧消化的影响主要是对消化速率的影响。IC厌氧反应器由于含有大量的微生物,因此温度对厌氧消化的影响变得不再显著。通常IC厌氧反应器的厌氧消化可在常温(20~25 ℃)下进行,这样就降低了消化保温的难度,节省了能量。

（5）具有缓冲反应器内 pH 的能力

内循环流量相当于第一反应室的出水回流,出水回流中的碱度对反应器内 pH 起缓冲作用,可使反应器内 pH 保持最佳状态,同时还可减少进水的投碱量。

（6）内部自动循环,不必外加动力

普通厌氧反应器的回流是通过外部加压实现的,而 IC 厌氧反应器以自身产生的沼气作为提升的动力来实现混合液内循环,不必设泵强制循环,降低了动力消耗。

（7）出水稳定性好

IC 厌氧反应器相当于上下两个 UASB 反应器串联运行,下面的 UASB 反应器具有很高的容积负荷,起粗处理作用,上面的 UASB 反应器的容积负荷较低,起精处理作用。与 UASB 反应器相比,其出水水质较为稳定。

（8）启动周期短

IC 厌氧反应器内污泥活性高,生物增殖快,为反应器快速启动提供了有利条件。IC 厌氧反应器启动周期一般为 1~2 个月,而普通 UASB 反应器启动周期长达 4~6 个月。

（9）沼气利用价值高

IC 厌氧反应器产生的甲烷纯度高,沼气中 CH_4 体积占比为 50%~70%,CO_2 体积占比为 20%~30%,其他有机物体积占比为 1%~5%,CH_4 可作为燃料加以利用。

三、IC 厌氧反应器的设计

IC 厌氧反应器的设计内容包括反应器的容积负荷及外形尺寸、三相分离器、布水系统、循环系统等。

（一）容积负荷的确定

表 5-4 归纳了生产装置和中试装置所推荐的一般容积负荷。这些数据对于主要含溶解性有机物的废水来说是比较安全的,实际的中试和小试装置上达到的容积负荷远远高于此值。

表 5-4　IC 厌氧反应器的设计容积负荷

温度/℃	设计容积负荷/$(kgCOD \cdot m^{-3} \cdot d^{-1})$
40	30~40
30	20~30
20	15~20
15	10~15
10	5~10

（二）高径比的控制

对于特定的废水,在一定的处理容量条件下,高径比的不同将直接导致反应器内水流状况的不同,并通过传质速率最终影响生物降解速率。反应器过高必使水泵动力消耗增加。高径比一般为 4~8,反应器的直径和高度的关系主要通过选择适当的表面负荷(或水力停留时间)来确定。根据反应器的高度、容积及设计的表面负荷,就可以确定反应器的横截面积。

(三)三相分离器

三相分离器的设计目的是将沼气从混合液和上浮的污泥絮体或颗粒中分离出来,并使污泥尽可能很好地与水分离,返回反应区。具体见 UASB 反应器中三相分离器的设计。

(四)布水系统

为了尽可能减少污泥床内出现的沟流等不利因素,设计良好的布水系统就显得尤其重要。均匀的布水和良好的混合将充分发挥 IC 厌氧反应器内颗粒污泥的性能,提高生物降解速率。反应器底部配水管的布置方式可以是多种多样的(详见 UASB 反应器中介绍的布水方式),比较简单的是采用穿孔管布水系统。在生产装置的设计中,常根据反应器内可能的污泥状态和最小 COD 容积负荷确定每平方米底面积所需要的进水孔数(见表5-5)。

表5-5 IC 厌氧反应器进水孔数

污泥状态	污泥床污泥度/ $(gSS \cdot L^{-1})$	最小 COD 容积负荷/ $(kgCOD \cdot m^{-3} \cdot d^{-1})$	每平方米底面积所需进水孔数
密实的絮状污泥	>40	<1	1
疏松的絮状污泥	<40	>3	5
颗粒污泥		1~2	1

(五)循环系统

IC 厌氧反应器中的三相分离器、气液分离器构成了反应器的"心脏",沼气提升管、泥水下降管构成了反应器的循环系统,两者协同作用使得该反应器在处理有机工业废水方面比其他反应器更有优势。一级三相分离器收集的沼气携带泥水经沼气提升管倒入顶部的气液分离器,分离后的泥水再沿回流管返回反应器底部,与底部进水充分混合。因此,沼气提升管的设计不仅要考虑能够使所收集的沼气顺利导出,还要考虑由气体上升产生的气提作用能够带动泥水上升至顶部的气液分离器。泥水下降管必须保证不被下降的污泥堵塞,其管径可比沼气提升管管径大一些,以利于泥水在重力作用下自然下降至反应器底部。此外,顶部气液分离器要大小适当,以维持一定的液位,从而保证稳定的内循环量。

(六)其他

在几乎所有文献的 IC 厌氧反应器的构造图中,与第一分离器相连的出气管(即上水管)、下降管,以及与第二分离器相连的出气管都是分开标画的,而在实际运行的 IC 厌氧反应器中,三管是采用同心方式安装的,即下降管在内、上升管在外,而与第二分离器相连的出气管位于最外侧。这样的安装方式可使反应器结构紧凑,节约容器内的有效空间。

第七节　水解酸化反应器

水解酸化反应器指将厌氧生物反应控制在水解和酸化阶段,利用厌氧菌或兼性菌的作用,将废水中的悬浮性有机固体水解成溶解性固体,将废水中的难生物降解的大分子有机物(包括碳水化合物、脂类等)水解成易生物降解的小分子有机物,小分子有机物再在酸化菌作用下转化成挥发性脂肪酸的废水处理装置。

一、水解酸化反应器类型与工艺

(一)水解酸化反应器类型

水解酸化反应器主要包括升流式水解酸化反应器、复合式水解酸化反应器及完全混合式水解酸化反应器三种类型。

① 升流式水解酸化反应器:在单一反应器中,废水自反应器底部的布水装置均匀地自下而上通过污泥层(平均污泥浓度为 $15 \sim 25$ g/L),在废水上升至反应器顶部的过程中实现水解酸化、去除悬浮物等功能。

② 复合式水解酸化反应器:在升流式水解酸化反应器的污泥床内增设填料层的水解酸化反应器。

③ 完全混合式水解酸化反应器:在反应器内设置搅拌装置使废水与污泥完全混合以实现水解酸化的反应器。一般后接沉淀池分离废水、污泥并回流污泥至水解酸化反应器。

处理城镇污水宜采用升流式水解酸化反应器。处理工业废水时,可根据废水水质、水量等情况选用适宜的水解酸化反应器;若反应器中污泥增长缓慢,则可采用复合式水解酸化反应器。

(二)水解酸化反应器的废水处理工艺流程

水解酸化反应器的废水处理工艺流程如图 5-17 所示。

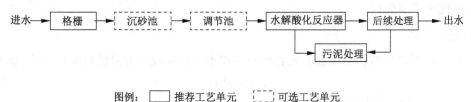

图例:　▭ 推荐工艺单元　⬚ 可选工艺单元

图 5-17　水解酸化反应器的废水处理工艺流程示意图

水解酸化反应器前的预处理工艺宜包括固液分离、沉砂、水质水量调节等。应根据实际情况在水解酸化反应器前设粗格栅或细格筛。用于城镇污水处理时,水解酸化反应器前应设置沉砂池,沉砂池的设计应符合《室外排水设计标准》(GB 50014—2021)的相关规定。用于工业废水处理时,水解酸化反应器进水 pH 值若不能满足要求,应设置 pH 值调节装置。

二、升流式水解酸化反应器的基本构造和相关设计

以升流式水解酸化反应器为例,介绍水解酸化反应器的基本构造和相关设计。

(一)反应器结构

如图 5-18 所示,升流式水解酸化反应器主要由池体、布水装置、出水收集装置及排泥装置组成。

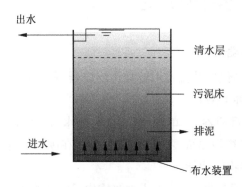

图 5-18 升流式水解酸化反应器结构示意图

(二)进水水质要求

① 进水水质应根据工程实测的排放废水水质确定,或参考同行业同规模同工程的排放资料类比确定。

② 水解酸化反应器进水水质应符合下列条件:

a. pH 值宜为 5.0~9.0。

b. COD:N:P 宜为(100~500):5:1。

c. 若废水可生化性较好,则 COD 浓度宜低于 1500 mg/L;若废水可生化性较差,则 COD 浓度可适当放宽。

(三)池体

① 升流式水解酸化反应器有效容积宜采用水力负荷或水力停留时间法计算,如下:

$$V = Q \times \text{HRT} \qquad (5\text{-}7)$$

式中:V——水解酸化反应器有效容积,m^3;

Q——设计流量,m^3/h;

HRT——水力停留时间,h。

② 升流式水解酸化反应器的水力停留时间应通过试验或参照类似工程确定,在缺少相关资料时可参考表 5-6 取值。

表 5-6　升流式水解酸化反应器的水力停留时间参考取值

污(废)水类型	进水水质要求	水力停留时间/h
城镇污水	可生化性较好或一般	2~4
啤酒生产废水、屠宰废水、食品生产废水、制糖废水等	可生化性较好,非溶解性 COD 比例>60%	2~6
造纸废水、焦化废水、煤化工废水、石化废水、制革废水、含油废水、纺织印染工艺废水等	可生化性一般,非溶解性 COD 比例在 30%~60%	4~12
其他难降解有机废水	可生化性较差,非溶解性 COD 比例<30%	>10

③ 升流式水解酸化反应器宜为圆形或矩形,矩形反应器的长宽比宜为 1:1~5:1。

④ 升流式水解酸化反应器的建筑材料可采用钢筋混凝土或不锈钢、碳钢加防腐涂层等材料。

⑤ 升流式水解酸化反应器的有效水深宜为 4~8 m,超高 0.5~1.0 m。

⑥ 升流式水解酸化反应器的废水上升流速宜为 0.5~2.0 m/h,对于难降解废水可适当降低上升流速或增加出水回流。

(四)布水装置

① 宜采用多点式布水装置,每个点布水面积不宜大于 2 m²。

② 布水装置进水点与反应器池底宜保持 150~250 mm 的距离。

③ 采用一管多孔方式布水时孔口流速应大于 2 m/s,配水管流速应大于 1 m/s,穿孔管布水需要设置反冲洗管。

④ 一管一孔式布水宜用布水器;从布水器到布水口宜采用直管;管道顶部垂直段流速应控制在 0.2~0.4 m/s;管道垂直段的上部管径应大于下部管径。

⑤ 枝状布水支管出水孔向下距池底宜为 200 mm;出水管孔径应在 15~25 mm;出水孔处宜设 45°斜向下导流板,出水孔应正对池底。

⑥ 脉冲式布水器的尺寸应根据设计流量和脉冲布水周期确定,池深应在 6.5 m 以上,防止脉冲过程中污泥流失过多。

(五)出水收集装置

① 出水宜采用堰式出水,出水堰口负荷不应大于 2.9 L/(s·m)。

② 出水应在汇水槽上加设三角堰,堰上水头大于 25 mm,水位宜在三角堰齿 1/2 处。出水收集系统应设在水解酸化反应器顶部。

③ 采用矩形反应器时,出水宜采用平行出水堰的多槽出水方式。

④ 采用圆形反应器时,出水宜采用放射状的多槽或多边形槽出水方式。

(六)排泥装置

① 水解酸化反应器的污泥产生量可按下式计算:

$$\Delta X = Q \times SS \times (1 - f_a) f / 1000 \tag{5-8}$$

式中:ΔX——污泥产生量,kg/d;

Q——设计流量,m^3/d;

SS——固体悬浮物浓度,kg/m^3;

f——悬浮固体的去除率;

f_a——污泥水解率,应通过试验或参照类似工程确定,城镇污水一般取 30%。

② 采用重力排泥方式时,排泥点应设在反应器中下部,污泥层与水面之间的高度应保持在 1.0~1.5 m。同时应预留底部排泥口。

③ 矩形池应沿池纵向多点排泥。

④ 对一管多孔式布水管,可考虑进水管兼作排泥管或放空管。

⑤ 排泥管干管管径应大于 150 mm。

第六章　深度废水处理设备原理与设计

第一节　膜分离设备

目前,最常用的膜分离法有电渗析、反渗透、超滤和微孔膜过滤等。电渗析是利用离子交换膜对阴、阳离子的选择透过性,以直流电场为推动力的膜分离法。而反渗透、超滤和微孔膜过滤则是以压力为推动力的膜分离法。

膜分离法具有无相态变化、分离时节省能量、可连续操作等优点。因此,膜分离技术在水处理领域得到越来越广泛的应用,与之相匹配的膜分离设备也得到日新月异的发展。膜分离设备种类繁多,限于篇幅,本书只介绍一些常用的电渗析设备、反渗透设备和超滤设备。

一、电渗析设备

电渗析(ED)是一种以溶液中的离子选择性地透过离子交换膜为特征的高效膜分离技术。它利用直流电场的作用使水中阴、阳离子定向迁移,并利用阴、阳离子交换膜对水溶液中阴、阳离子的选择透过性,使原水在通过电渗析器时,一部分被淡化,另一部分被浓缩,从而达到分离溶质和溶剂的目的。

电渗析是 20 世纪 50 年代发展起来的一种新技术,最初用于海水淡化,现在广泛用于化工、轻工、冶金、造纸、医药工业,如用于酸碱回收、电镀废液处理、废水除盐及从工业废水中回收有用物质等。

(一)电渗析基本原理

电渗析除盐原理:阳离子交换膜(以下简称阳膜)只允许水中阳离子通过而不允许阴离子通过,阴离子交换膜(以下简称阴膜)只允许水中的阴离子通过,在外加直流电场的作用下,水中离子定向迁移,使水中大部分离子迁移到离子交换膜另一侧的水中去。如图 6-1 所示,电渗析器由多层隔室组成,淡室 2 和 4 中的阴、阳离子迁移到相邻的浓室 1 和 3,从而达到含盐水(原水)淡化的目的。

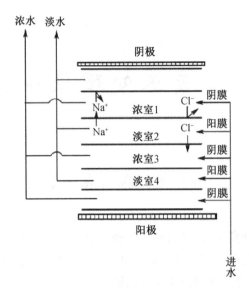

图 6-1　电渗析除盐原理示意图

以用电渗析方法处理含镍废水为例,在直流电场作用下,废水中的硫酸根离子向正极迁移,由于离子交换膜具有选择透过性,淡水室的硫酸根离子透过阴膜进入浓水室,但浓水室内的硫酸根离子不能透过阳膜而留在浓水室内;镍离子向负极迁移,并通过阳膜进入浓水室,浓水室内的镍离子不能透过阴膜而留在浓水室中。这样浓水室因硫酸根离子、镍离子不断进入而使这两种离子的浓度不断增高;淡水室由于这两种离子不断向外迁移,浓度降低。离子迁移的结果是把电渗析器的两个电极之间的隔室变成了溶液浓度不同的浓水室和淡水室。用电渗析法回收镍时,以硫酸钠溶液为电极液,硫酸钠可减轻对铅电极的腐蚀。

(二)电渗析设备结构

电渗析器由膜堆、极区和压紧装置三部分构成。

1.膜堆

膜堆:由相当数量的膜对组装而成。

膜对:由一张阳膜、一张隔板、一张阴膜、一张隔板组成。

离子交换膜:是电渗析器的关键部件,其性能影响电渗析器的离子迁移效率、能耗、抗污染能力和使用期限等。膜按结构可分为异相膜、均相膜和半均相膜;按膜上活性基团可分为阳膜、阴膜和特种膜;按膜材料可分为有机膜和无机膜。

隔板:隔板的作用是使阴膜和阳膜之间保持一定的间隔,其中通过水流,垂直隔板平面通过电流,隔板必须由绝缘材料制造。隔板分类如下:按厚度可分为厚隔板(10 mm)和薄隔板(小于 10 mm);按流水道的数目可分为单流水道和多流水道(多回路);按隔离网的种类可分为冲格式和网式,网式又可分为鱼鳞状网和编织状网;按材质可分为聚丙烯、聚氯乙烯、硬橡胶等;按布水槽的形式可分为网式、沟槽式、梳式(亦称蟹脚式)。薄隔板多为聚丙烯材质,单流水道,编织状网,且由于隔板薄,除盐效能较高。

2. 极区

极区包括电极、极框和导水板。

电极：为连接电源所用。电渗析的电极应选择耐腐蚀性能好、价廉的材料，特别要注意阳极材料的选择。

极框：放在电极和膜之间，起支撑作用。极框的主要功能是使膜不与电极接触，通过极水排放极室中的电极反应产物。极框的形状与隔板基本相似，只是稍厚，没有布水槽。

3. 压紧装置

压紧装置的作用是把薄片状的部件压紧成一个整体，主要有螺栓夹板型和压滤机型两种。螺栓夹板型压紧装置的造价低，因而使用较多。

4. 组装方式

电渗析器的组装用"级"和"段"来表示，一对电极之间的膜堆称为"一级"，水流同向的并联膜堆称为"一段"。增加段数就等于增加脱盐流程，也就是提高脱盐效率。增加膜对数，可提高水处理量。级与段的示意见图6-2。

电渗析器的组装方式可根据淡水产量和出水水质要求而调整，一般有以下几种组装形式：一级一段；一级多段；多级一段；多级多段。

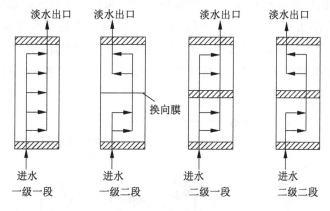

图6-2　级与段的示意

（三）电渗析的工艺流程

电渗析的除盐运行方式随其目的不同而异，一般可分为直流式、循环式和部分循环式三种。

1. 直流式电渗析

如图6-3所示，原水经多台单级串联或单台多级多段的电渗析器后，一次脱盐达到给定的脱盐要求，直接排出成品水。直流式除盐具有连续出水、管道布置简单等优点，缺点是操作弹性小，对原水含盐量发生变化的适应性较差。直流式电渗析除盐流程是国内常用流程之一，常采用给定电压操作，根据进水、产水量及产品水水质等要求，可采用单系列多台串联或多系列并联的流程，适用于中、大型脱盐场地。

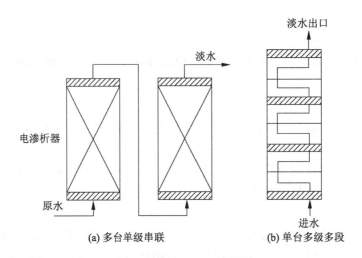

图 6-3　直流式电渗析除盐方式

(a) 多台单级串联　　　　　　(b) 单台多级多段

2. 循环式电渗析

如图 6-4 所示,将一定量的原水注入淡水循环槽内,原水经电渗析器多次循环除盐,当出水达到给定的成品水水质指标后,被输送至成品水槽。循环式电渗析除盐适用于脱盐难度大、要求成品水水质稳定的小型脱盐水站。循环式电渗析除盐流程适应性较强,既可用于高含盐量水的脱盐,也适用于低含盐量水的脱盐,特别适用于水质经常变化的场合,能始终提供合格的成品水。小批量工业产品料液的浓缩、提纯、分离和精制也常用此方式。

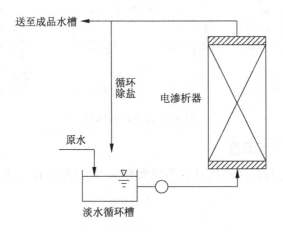

图 6-4　循环式电渗析除盐方式

3. 部分循环式电渗析

部分循环式是直流式和循环式相结合的一种方式,如图 6-5 所示。一方面,将电渗析器出水溶液在混合水池内循环;另一方面,补充原水使混合水池内水量保持稳定。在这种方式下,混合水池内流速不受产水量的影响。该方式的优点是膜可保持稳定状态,而装置可以适应任何进料情况,由于需要再循环系统,设备和动力消耗都会增加。

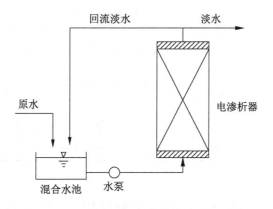

图 6-5 部分循环式电渗析除盐方式

不同除盐方式的特点见表 6-1。

表 6-1 不同除盐方式的特点

除盐方式	工作方式	淡水质量随时间的变化	对原水含盐量变化的适应性	电流效率	适合的产水量规模	附属设备	对电渗析器的要求
直流式	连续	不变	较差	高	大流量	最少	高
循环式	批量	由低到高	强	低	中小流量	较多	低
部分循环式	连续	不变	强	高	大流量	较多	高

（四）电渗析工艺设计

电渗析工艺设计就是根据用户提出的脱盐率、淡水产量等主要技术指标,选择合适的电渗析器,再根据电渗析器相关参数,计算电渗析工艺相关参数。

电渗析工艺设计前,应明确原水含盐量、淡水含盐量、淡水产量这三个主要技术指标。

1. 电渗析进水水质要求

水中所含的悬浮物、有机物、微生物、铁等重金属杂质及形成的胶体物质都会对离子交换膜造成污染,降低离子交换膜的选择透过性;还会使隔板布水槽堵塞,导致电渗析本体阻力增大,流量降低,除盐效率下降。因此,原水进入电渗析器之前,必须经过适当的预处理,以去除原水中的胶体物质,达到电渗析进水标准。

根据国家行业标准《电渗析技术 脱盐方法》(HY/T 034.4—1994)的规定,电渗析器的进水水质应符合表 6-2 所列的要求。

表 6-2　电渗析器进水水质要求

项目	指标值	项目	指标值
水温/℃	5~40	浊度/(mg·L⁻¹)	1.5~2.0 mm 隔板：<3 0.5~0.9 mm 隔板：<0.3
耗氧量/(mg·L⁻¹)	<3(KMnO₄ 法)		
铁/(mg·L⁻¹)	<0.3	游离氯/(mg·L⁻¹)	<0.2
锰/(mg·L⁻¹)	<0.1	污染指数	<10

2. 电渗析器选择

目前,国内制造的电渗析器大多能够满足使用需要,一般可直接选购产品,而不必设计电渗析器本体。

国产标准电渗析器分为以下三种:DSA 型为网状隔板,隔板厚度为 0.9 mm;DSB 型为网状隔板,隔板厚度为 0.5 mm;DSC 型为冲格式隔板,隔板厚度为 1.0 mm,由两个厚度为 0.5 mm 的薄片组成。上述国产标准电渗析器的规格与性能见表 6-3 至表 6-5。

表 6-3　DSA 型电渗析器的规格和性能

性能	规格						
	DSA Ⅰ			DSA Ⅱ			
	1×1/250	2×2/500	3×3/750	1×1/200	2×2/400	3×3/600	4×4/800
隔板尺寸/mm	800×1600×0.9			400×1600×0.9			
离子交换膜	异相阳、阴离子交换膜			异相阳、阴离子交换膜			
电极材料	钛涂钌			钛涂钌			
组装膜对数/对	250	500	750	200	400	600	800
组装形式	一级一段	二级二段(2 台)	三级三段(3 台)	一级一段	二级二段(2 台)	三级三段(3 台)	四级四段(4 台)
产水量/(m³·h⁻¹)	35	35	35	13.2	13.2	13.2	13.2
脱盐率/%	≥50	≥70	≥80	≥50	≥75	87.5	93.75
工作压力/kPa	<50	<120	<180	<50	<75	<150	<200
外形尺寸/mm	2550×1370×1100	2550×1370×1100	2550×1370×1100	2300×1010×520	2300×1010×520	2300×1010×520	2300×1010×520
安装形式	立式	立式	立式	立式	立式	立式	立式
本体质量/t	2	2×2	2×3	1	1×2	1×3	1×4

注:表中电渗析脱盐率和产水量的数据是在 2000 mg/L NaCl 溶液中,25 ℃下测定的数据。

表 6-4 DSB 型电渗析器的规格和性能

性能	规格					
	DSBⅡ		DSBⅣ			
	1×1/200	2×2/300	1×1/200	2×2/300	2×4/300	2×6/300
隔板尺寸/mm	400×1600×0.5		400×800×0.5			
离子交换膜	异相阳、阴离子交换膜		异相阳、阴离子交换膜			
电极材料	不锈钢		不锈钢			
组装膜对数/对	200	300	200	300	300	300
组装形式	一级一段	二级二段	一级一段	二级二段	二级四段	三级六段
产水量/(m³·h⁻¹)	8.0	6.0	8.0	6.0	3.0	1.5~2.0
脱盐率/%	≥75	≥85	≥50	≥75	≥85	≥90
工作压力/kPa	<100	<250	<50	<100	<200	<250
外形尺寸/mm	600×1800×800	600×1800×800	600×1000×800	600×1000×1000	600×1000×1000	600×1000×1000
安装形式	立式	立式	立式	立式	立式	立式
本体质量/t	0.56	0.63	0.28	0.35	0.35	0.38

注:表中电渗析脱盐率和产水量的数据是在 2000 mg/L NaCl 溶液中,25 ℃下测定的数据。

表 6-5 DSC 型电渗析器的规格和性能

性能	规格					
	DSCⅠ			DSCⅣ		
	1×1/100	2×2/300	4×4/300	1×1/100	2×2/200	3×3/240
隔板尺寸/mm	800×1600×1.0			400×800×1.0		
离子交换膜	异相阳、阴离子交换膜			异相阳、阴离子交换膜		
电极材料	石墨			石墨		
组装膜对数/对	100	300	300	100	200	240
组装形式	一级一段	二级二段	四级四段	一级一段	二级二段	三级三段
产水量/(m³·h⁻¹)	25~28	30~40	18~22	1.8~2.0	1.5~2.0	1.4~1.8
脱盐率/%	28~32	45~55	70~80	50~55	70~80	85~90
工作压力/kPa	80	120	200	120	160	200
外形尺寸/mm	940×960×2150	1550×960×2150	1600×960×2150	900×620×900	960×620×1210	960×620×1350
安装形式	立式	立式	立式	卧式	卧式	卧式
本体质量/t	1.1	2.3	2.5	0.2	0.3	0.4

注:① 不锈钢电极只允许用在极水中氯离子浓度不高于 100 mg/L 的情况下。
② 表中电渗析脱盐率和产水量的数据是在 2000 mg/L NaCl 溶液中,25 ℃下测定的数据。

在选择电渗析器时,除电渗析的脱盐率和产水量要满足设计要求外,还必须考虑膜和电极的材质。

离子交换膜是电渗析器的关键部件,各种膜的性能均有所不同。根据国家行业标准《环境保护产品技术要求 电渗析装置》(HJ/T 334—2006),电渗析阴、阳离子交换膜的主要技术指标应满足表6-6的要求。

表6-6 电渗析阴、阳离子交换膜技术指标

项目	阳膜		阴膜	
	均相膜	异相膜	均相膜	异相膜
含水率/%	25~40	35~50	22~40	30~45
交换容量(干)/(mol·kg^{-1})	≥1.8	≥2.0	≥1.5	≥1.8
膜面电阻/(Ω·cm^{-2})	≤6	≤12	≤10	≤13
选择透过率/%	≥90	≥92	≥85	≥90

电极的材料有石墨、不锈钢、铁涂钌等,应根据原水水质,结合电极强度、耐腐蚀性等因素,选择合适的电极。不同电极材料的特点见表6-7。

表6-7 不同电极材料的特点

电极材料	适用条件	制造	耐腐蚀性	强度	价格	污染
石墨	Cl$^-$含量高,SO$_4^{2-}$含量低的水	容易	一般	较脆	低	无
不锈钢	Cl$^-$浓度小于100 mg/L的水	很容易	较好	好	较低	无
钛涂钌	广泛	较复杂	较好	较好	较高	无
二氧化铅	只适合作阳极	较复杂	较好	较脆	较低	稍有

3. 极限电流密度

电渗析工艺运行时,电流密度有一个极限值,超过此值,就会出现电渗析的极化现象,影响电渗析器正常工作。因此,电渗析设计时要计算极限电流密度。极限电流密度公式是在极化临界条件下建立的,其计算公式如下:

$$i_{lim} = Kv^m C \tag{6-1}$$

$$v = Q_d \times 10^6/3600ndB \tag{6-2}$$

$$C = (C_{in} - C_{out})/[2.3lg(C_{in}/C_{out})] \tag{6-3}$$

式中:i_{lim}——极限电流密度,mA/cm^2;

K——电渗析的水力特性系数;

m——流速指数,一般为0.5~0.8;

v——淡水室隔板中水流的计算线速度,cm/s;

Q_d——淡水产量,m^3/h;

n——每段膜对数;

d——淡水室隔板的厚度,cm;

B——隔板流水道宽度,cm;

C——淡水隔板中水的平均含盐量,mmol/L;

C_{in}——淡水室进水含盐量,mmol/L;

C_{out}——淡水室出水含盐量,mmol/L。

工程中常用电压电流法测定电渗析器的极限电流密度。进入电渗析器的水的温度、含盐量、组分应保持恒定,浓水、淡水、极水的流量要稳定。测定时,调节流量计到设定的某一流速所对应的流量处,保持此流量不变,逐次调整电压,待电流稳定后,记录下每次的电压、电流值。然后改变流速,在另一流速条件下,再逐次调整电压,待电流稳定后,记录下每次的电压、电流值。

以电压为纵坐标,以电流为横坐标,绘制 U–I 曲线,如图 6-6 所示。U–I 曲线由三部分组成:OA 段为直线;$ABCD$ 段为曲线,称为"极化过渡区";DE 段为近似曲线。A 点和 D 点的切线相交于 P 点,P 点称为"标准极化点",P 点所对应的电流即为极限电流。

在每个流速拐点处,测定进水含盐量、出水含盐量,计算淡水隔板中水的平均含盐量。以 $\lg(i_{lim}/C)$ 为纵坐标,以 $\lg v$ 为横坐标,绘制 $\lg(i_{lim}/C)$-$\lg v$ 曲线,如图 6-7 所示。采用图解法确定系数 K 和 m 的数值。

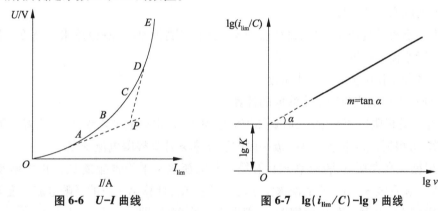

图 6-6　U–I 曲线　　　　图 6-7　$\lg(i_{lim}/C)$-$\lg v$ 曲线

4. 实际工作电流

理论上说,电渗析在极限电流状态运行时才是最经济的,但事实上电渗析在工作时除了考虑防止极化这一故障外,还要考虑其他故障因子,如溶解性有机物、无机物、微生物等导致的膜面污染、结垢、堵塞现象。因此,为了使电渗析器长期稳定运行,在选择工作电流密度时,应当留有一定的余量,结合原水含盐量、离子组分、流速、温度等因素进行选择设计,一般原则为

$$i=(70\%\sim90\%)i_{lim} \tag{6-4}$$

式中:i——工作电流密度,mA/cm²;

i_{lim}——极限电流密度,mA/cm²。

若原水含盐量、硬度、有机物含量高,则取 i_{lim} 的低值;反之取高值。

在确定了工作电流密度后,按下式计算工作电流:

$$I=iS\times10^{-3} \tag{6-5}$$

废水处理设备原理与设计

式中：I——工作电流，A；

i——工作电流密度，mA/cm²；

S——单张膜的有效通电面积，cm²。

为简化设计，在有经验数据的情况下，也可用经验法确定工作电流。例如，对于厚度为 0.9 mm 的网式隔板，采用国产聚乙烯膜，隔板流速为 5~8 cm/s 时，可采用以下经验公式确定工作电流密度：

$$i = BC_{in} \tag{6-6}$$

式中：i——工作电流密度，mA/cm²；

C_{in}——每段进口处的淡水含盐量，g/L；

B——经验系数。

5. 实际运行参数计算与校核

需要根据电渗析级数、段数、膜对数、淡水产量等基本设计参数，对电渗析各段的工作电流、进出水浓度、膜堆电压、电耗等各项实际运行参数进行计算和校核。

下面以二级二段为例进行说明。

（1）实际水流线速度

根据电渗析系统淡水产量、每段膜对数、淡水室隔板厚度、隔板流水道宽度，计算电渗析的实际水流线速度。

（2）各段工作电流和进出水浓度

第一段：工作电流与进出水浓度的计算如下。

① 在计算极限电流密度时，需要知道淡水室进口、出口的平均浓度，因此需要假定一个脱盐率，可根据选定电渗析器一级一段的脱盐率 ε 计算极限电流密度。

② 根据原水含盐量、脱盐率 ε，计算第一段的淡水室平均含盐量 C_1。再根据实际水流线速度 v 和系数 K、第一段的淡水室平均含盐量 C_1，计算第一段的极限电流密度 i_{lim1}。

③ 根据 i_{lim1} 计算工作电流密度，一般取 i_{lim1} 的 85%，即

$$i_1 = 0.85 i_{lim1} \tag{6-7}$$

④ 根据以下公式计算第一段的实际脱盐量：

$$\Delta C_1 = nN\eta i / (26.8 Q_d) \tag{6-8}$$

式中：ΔC_1——脱盐量，mg/L；

n——膜对数；

N——原水平均当量数；

η——电流效率，一般取 90%；

Q_d——淡水产量，m³/h。

⑤ 出水浓度计算如下：

$$C_{out1} = C_{in} - \Delta C_1 \tag{6-9}$$

第二段：参考第一段的计算方式，计算第二段的工作电流、出水浓度。但需注意，第二段的进水浓度应为第一段的出水浓度。

（3）膜堆电压

电压计算公式如下：

$$U = U_j + U_m \qquad (6\text{-}10)$$

式中：U——一级的总电压降，V；

U_j——极区电压降，15~20 V；

U_m——膜对电压降，V。

$$U_m = nK_{mo}K_sI_i(\rho_d+\rho_n)/1000 \qquad (6\text{-}11)$$

式中：n——各段膜对数；

K_{mo}、K_s——膜电阻系数，一般由厂方提供；

I_i——电流，mA；

ρ_d——淡水平均电阻率，$\Omega \cdot cm$；

ρ_n——浓水平均电阻率，$\Omega \cdot cm$。

当水温为 20 ℃时，含盐量与水电阻率可近似按下式换算：

$$\rho_s = 13300/C_N \qquad (6\text{-}12)$$

式中：ρ_s——水的电阻率，$\Omega \cdot cm$；

C_N——水中含盐量，mmol/L。

在极限电流条件下运行时，膜对电压经验数据可按表6-8选用。

表6-8 膜对电压经验数据

用途	进水含盐量范围/(mg·L⁻¹)	不同厚度隔板的膜对电压/V	
		0.5~1.0 mm	1.0~2.0 mm
苦咸水淡化	2000~4000	0.3~0.6	0.6~1.2
	500~2000	0.4~0.8	0.8~1.6
水的深度脱盐	100~500	0.6~1.2	1.0~2.0

（4）电渗析器本体直流电耗

① 极区电耗：每段的极区电压一般考虑为 20 V，则

$$W_{极} = 20\times(i_1+i_2) \qquad (6\text{-}13)$$

式中：$W_{极}$——极区电耗，J；

i_1——第一段工作电流密度，mA/cm²；

i_2——第二段工作电流密度，mA/cm²。

② 膜堆电耗：

$$W_{堆} = U_{m1}\times i_1 + U_{m2}\times i_2 \qquad (6\text{-}14)$$

式中：$W_{堆}$——膜堆电耗，J；

i_1——第一段工作电流密度，mA/cm²；

i_2——第二段工作电流密度，mA/cm²；

废水处理设备原理与设计

U_{m1}——第一段膜对电压降，V；

U_{m2}——第二段膜对电压降，V。

③ 电渗析器本体直流电耗：

$$W_{本体} = W_{极} + W_{堆} \qquad (6-15)$$

④ 单位产水量直流电耗：

$$W_{单} = \frac{W_{堆}}{3600Q_d} \qquad (6-16)$$

式中：$W_{单}$——单位产水量直流电耗，W/m³；

Q_d——淡水产量，m³/h。

（5）总水头损失

电渗析器总水头损失由各段水头损失组成，各段水头损失与设备构造、加工等有关，亦可由厂家提供。

根据上述设计计算，列出各段的实际工艺参数，包括每段的膜对数、流量、流速、入口压力、工作电流、进水浓度、出水浓度。再根据最后一段的出水浓度，查看出水指标（含盐量等）是否满足设计要求，若不满足设计要求，则需调整工作电流等参数后重新进行核算。

6. 脱盐系统

电渗析的脱盐系统主要有以下几种：

① 原水→预处理→电渗析→除盐水。这种脱盐系统最简单，可用于海水和苦咸水淡化及除氟、除砷、除硝酸盐。当原水为自来水时，可制取脱盐水，脱盐水的含盐量低于普通蒸馏水，脱盐率最高可达99%，脱盐水的电阻率最高可达0.5 MΩ·cm。

② 原水→预处理→软化→电渗析→除盐水。这种脱盐系统适合处理高硬度含盐水。原水硬度较高，若不经预先软化，则容易在电渗析器中结垢。

③ 原水→预处理→电渗析→反渗透→除盐水。在这种脱盐系统中，电渗析作为反渗透的预处理。由于预处理预先去除了原水中大部分的 Ca^{2+}、Mg^{2+} 和盐分，因此该系统可以充分发挥反渗透的优点。

④ 原水→预处理→电渗析→离子交换混合床→除盐水。这种脱盐系统用于制取高纯水。电渗析可以代替离子交换复床，预先将原水的含盐量降低80%~95%，剩余的少量盐分再由离子交换混合床去除。由于取消了离子交换复床，因此酸、碱的消耗及再生废液的产量减少了。

⑤ 原水→预处理→反渗透→树脂电渗析→除盐水。这种脱盐系统采用树脂电渗析工艺制取高纯水。树脂电渗析亦可称为填充床电渗析。

二、反渗透设备

渗透是一种自然现象，反渗透是渗透的反向过程。医学界还将反渗透技术用于洗肾

（血液透析）。反渗透膜可以将重金属、农药、细菌、病毒、杂质等彻底分离。因为整个工作过程不添加任何杀菌剂和化学物质，所以不会发生化学相变。

（一）反渗透基本原理

对透过的物质具有选择性的薄膜称为半透膜。一般将只能透过溶剂而不能透过溶质的薄膜视为理想的半透膜。当把相同体积的稀溶液（如淡水）和浓溶液（如海水或盐水）分别置于一容器的两侧，中间用半透膜阻隔时，稀溶液中的溶剂将自然地穿过半透膜向浓溶液侧流动，浓溶液侧的液面会比稀溶液的液面高一些，从而形成压力差，半透膜两侧达到渗透平衡状态，此种压力差即为渗透压。渗透压的大小取决于浓溶液的种类、浓度和温度，而与半透膜的性质无关。若在浓溶液侧施加一个大于渗透压的压力，则浓溶液中的溶剂会向稀溶液侧流动，此时溶剂的流动方向与原来渗透的方向相反，这一过程称为反渗透。反渗透原理示意见图6-8。

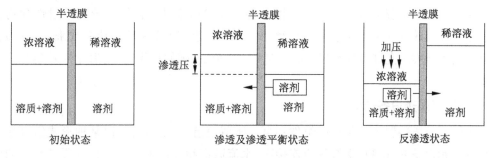

图6-8 反渗透原理示意

反渗透设备应用较多的卷式膜元件是将半透膜、导流层、隔网按一定排列黏合及卷制在有排孔的中心管上形成的元件。原水从元件一端进入隔网层，在经过隔网层时，在外界压力作用下，一部分水通过半透膜的孔渗透到导流层内，再顺导流层的水道流到中心管，经中心管的排孔流出，剩余部分（称为浓水）从隔网层另一端排出。

（二）反渗透膜的种类及特性

1. 反渗透膜的种类

反渗透膜按膜材料的化学组成不同，分为纤维素酯类膜和非纤维素酯类膜两大类。

（1）纤维素酯类膜

国内外广泛使用的纤维素酯类膜为二醋酸纤维素膜（简称CA膜），它具有透水速度快、脱盐率高、耐氯性好、价格便宜等优点。缺点是易受微生物侵蚀、易水解，对某些有机物的分离率低。CA膜易分解，适用pH为3~8，工作温度应低于35 ℃。CA膜结构示意见图6-9。CA膜具有不同的选择透过性：电解质离子价态越高或同价离子的水合半径越大，截留率越大；对一般水溶性好、非离解的有机化合物，分子量在200以下时，截留效果差；同类有机化合物的分子量相同时，分子链越多，截留率越大。

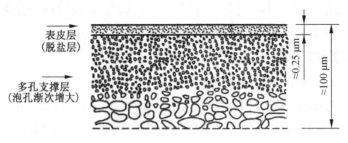

图 6-9　CA 膜结构示意

（2）非纤维素酯类膜

非纤维素酯类膜主要有芳香族聚酰胺膜、聚苯并咪唑酮（PBIL）膜、PEC-1000 复合膜、NS-100 复合膜等。

2. 反渗透膜的特性

反渗透膜是实现反渗透过程的关键。要求反渗透膜具有良好的分离透过性和物化稳定性。分离透过性主要通过溶质分离率、溶剂透过流速及流量衰减系数来表示；物化稳定性主要指膜的允许最高温度、压力、适用 pH 范围，膜的耐氯性、耐氧化性及耐有机溶剂性。

（三）反渗透设备结构

各种膜分离装置主要包括膜组件和泵。所谓膜组件，是指将膜以某种形式组合在一个基本单元设备内，由膜、支撑物或连接物、水流通道和容器等按一定技术要求制成的组合构件。在外界压力的作用下，膜组件能实现对溶质与溶剂的分离。在膜分离工业装置中，根据生产需要通常可设置数个至数千个膜组件。根据膜的几何形状，反渗透膜组件主要有四种基本形式：板框式、管式、卷式和中空纤维式。

1. 板框式膜组件

板框式膜组件由承压板、微孔支撑板和反渗透膜组成（图 6-10）。在每一块微孔支撑板的两侧都是反渗透膜，通过承压板把膜与膜组装成重叠的形式，由一根长螺栓固定环形垫圈，以实现密封。

2. 管式膜组件

管式膜组件分外压式和内压式，主要由管状膜及多孔耐压支撑管组成（图 6-11）。外压管式膜组件是直接将膜涂刮在多孔耐压支撑管的外壁，再将数根膜组装后置于一承压容器

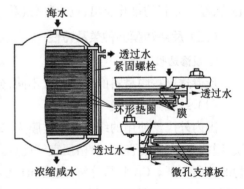

图 6-10　板框式膜组件

内。内压管式膜组件是将反渗透膜置于多孔耐压支撑管的内壁，原水在管内承压流动，淡水透过半透膜由多孔耐压支撑管管壁流出后收集。

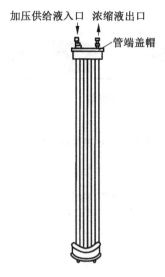

图 6-11　管式膜组件

3. 卷式膜组件

卷式膜组件填充密度大,设计简单,其构造如图 6-12 所示。在两层膜之间衬有一透水垫层,把两层膜的三个面用黏合剂密封,组成卷式膜的一个膜叶。数个膜叶重叠,膜叶与膜叶之间衬有作为原水流动通道的网状隔层。数个膜叶与网状隔层在中心收集水管上形成螺旋卷筒,称为膜蕊。一个或几个膜串联放入承压容器中,并由两端封头封住承压容器,即形成卷式膜组件。普通卷式膜组件是从组件顶端进水,原水流动方向与中心收集水管平行,透过液则按螺旋形式流进中心收集水管。

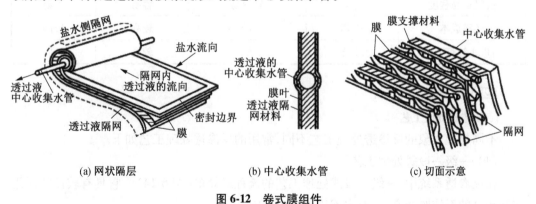

(a) 网状隔层　　　　　(b) 中心收集水管　　　　　(c) 切面示意

图 6-12　卷式膜组件

4. 中空纤维式膜组件

中空纤维式膜组件通常是先将细如发丝的中空纤维(膜)以纵向平行或螺旋状缠绕的方式排列在中心分配管的周围形成纤维芯;再将纤维芯两端固定在环氧树脂浇铸的管板上,使纤维芯的一端密封,另一端切割成开口形成中空纤维元件;最后将中空纤维元件装入耐压容器,加上端板等其他配件(图 6-13)。

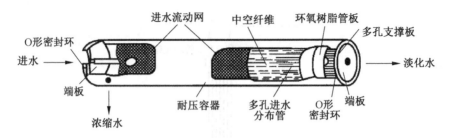

图 6-13 中空纤维式膜组件

以上四种膜组件的比较见表 6-9。

表 6-9 膜组件比较

项目	膜组件类型			
	板框式	管式	卷式	中空纤维式
结构	非常复杂	简单	复杂	复杂
膜装填密度/$(m^2 \cdot m^{-3})$	160~500	33~330	650~1600	16000~30000
支撑体结构	复杂	简单	简单	不需要
通道长度/m	0.2~1.0	3.0	0.5~2.0	0.3~2.0
水流形态	层流	湍流	湍流	层流
抗污染能力	强	很强	较强	很弱
膜清洗难易程度	容易	内压式容易,外压式难	难	难
对进水水质要求	较低	低	较高	高
水流阻力	中等	较低	中等	较高
换膜难易程度	尚可	较容易	容易	容易
换膜成本	中等	低	较高	较高
对进水浊度要求	较低	低	较高	高

（四）反渗透系统设计

1. 反渗透处理工艺

不同处理对象的反渗透处理工艺不同,常用的反渗透处理工艺如下。

（1）一级一段式处理工艺

在反渗透系统中,一级一段式处理工艺的流程最简单(图 6-14)。它具有较低的回用率和较高的系统脱盐率,一般水回用率低于 50%。

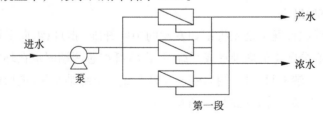

图 6-14 一级一段式处理工艺

（2）一级多段式处理工艺

为了获得较高的水回用率,可采用一级多段式处理工艺,如图 6-15 所示。第一段的浓水作为第二段的进水,然后将两段的渗透出水混合作为出水,必要时可增加一段,即把第二段的浓水作为第三段的进水,第三段的渗透出水与前两段出水汇合成最终产水。通常苦咸水的淡化和低盐度水的净化采用这种处理工艺。

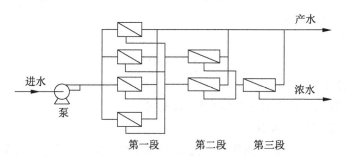

图 6-15　一级多段式处理工艺

（3）多级处理工艺

多级处理工艺如图 6-16 所示,通常采用二级处理工艺。第一级反渗透出水作为第二级的进水,第二级的浓水浓度通常低于第一级进水,再把第二级浓水返回第一级高压泵前,从而提高水回用率和产水水质。根据用户最终水质要求,第一级渗透水可部分或全部经过第二级处理。

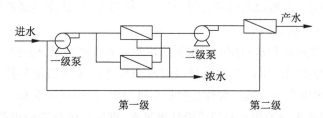

图 6-16　多级处理工艺

2. 反渗透膜的工艺参数

（1）透水性

$$Q_p = K(\Delta p - \Delta \pi) \tag{6-17}$$

式中：Q_p——膜透水率,$cm^3/(cm^2 \cdot s)$；

　　　K——膜纯水透过系数,$cm^3/(cm^2 \cdot s \cdot MPa)$；

　　　Δp——膜两侧压力差,MPa；

　　　$\Delta \pi$——膜两侧溶液渗透压力差,MPa。

（2）水回用率

$$Y = Q_p \times 100\% \frac{1}{Q_f} = Q_p \times 100\% / (Q_p + Q_m) \tag{6-18}$$

式中：Y——水回用率,%；

Q_f——进水流量,m^3/h;

Q_m——浓水流量,m^3/h;

Q_p——淡水流量,m^3/h。

（3）浓缩倍数

$$CF = Q_f/Q_m = 1/(1-Y) \tag{6-19}$$

式中:CF——浓缩倍数。

（4）脱盐率

$$R = 1 - SP \tag{6-20}$$

式中:R——脱盐率,%;

SP——反渗透膜的产水含盐量/进水含盐量。

3. 反渗透系统设计一般步骤

① 落实设计依据、原水水质和原水类型,产水的具体水质指标。在拿到原水水质资料时一定要确认水源的类型、水质可能的波动范围、取水方式及受到三次污染的可能性。在地表水处理和海水淡化工程中,取水方式是整个系统设计中最为关键的。在废水回用处理工程中,需要反复落实排放水的水质要求,在必要时需同时改造废水处理系统以保证反渗透工艺的可行性。

② 确定预处理工艺及其效果,主要是确认预处理后出水水质指标。本节提到的反渗透给水或系统进水均指经过预处理的废水。

③ 膜元件选型。根据原水的含盐量、产水水质的要求,选择适当的膜元件。可根据所选厂家的产品介绍进行选择。

④ 确定膜产水通量和水回用率。根据进水水质和处理要求,确定反渗透膜元件单位面积的产水通量和水回用率。产水通量可以参照所选厂家所给的参数选定。水回用率的设定要考虑原水中含有的难溶解性盐的析出极限值(朗格利尔饱和指数)和产水水质。通常,若单位面积产水通量和水回用率设计得过高,则发生膜污染的可能性增加,进而导致产水通量下降,膜系统清洗频率升高,系统正常运行的维护费用增加。

⑤ 排列和级数。反渗透装置的生产商对膜组件的最大水回用率做出了规定,设计者在设计过程中应严格遵守。

反渗透的设计计算是膜组件数量选择和膜组件合理排列组合的依据。膜组件数量决定了反渗透系统的透水量,其排列组合则决定了反渗透系统的水回用率。

三、超滤设备

（一）超滤基本原理

超滤主要是在压力推动下进行的筛孔分离过程,其基本原理如图6-17所示。

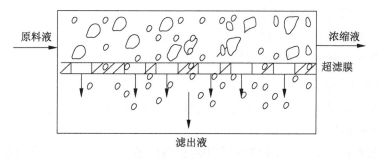

图 6-17　超滤原理示意

超滤膜对溶质的分离过程主要有:① 在膜表面及微孔内吸附(一次吸附);② 在孔中停留而被去除(阻塞);③ 在膜面被机械截留(筛分)。

通常超滤法所分离的组分直径为 $0.005 \sim 10\ \mu m$,一般相对分子质量在 500 以上的大分子和胶体物质可以被截留,采用的渗透压较小,一般为 $0.1 \sim 0.5\ MPa$。超滤膜去除的物质主要为水中的微粒、胶体、细菌和各种大分子有机物,小分子有机物、无机离子则几乎不能被截留(图 6-18)。

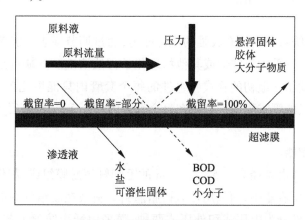

图 6-18　超滤膜去除物质示意

超滤的分离特征如下:① 分离过程不发生相变,能耗较少;② 分离过程在常温下进行,适用于热敏性物质的分离、浓缩和纯化;③ 以低压泵提供的动力为推动力即可满足要求,设备工艺流程简单,易于操作、维护和管理。

(二)超滤膜性能

超滤膜常用的聚合物材料包括聚砜(PSF)、聚醚砜(PESF)、聚丙烯腈(PAN)、聚偏氟乙烯(PVDF)和聚氯乙烯(PVC)。

聚砜具有强抗氧化性能,高刚性、高强度,尺寸稳定,耐高温。具有如下使用特性:使用温度上限为 75 ℃;适宜 pH 值范围为 $1 \sim 13$,长期贮存耐氯 50 mg/L,短期消毒耐氯 200 mg/L;能制成平板、管状和中空纤维(孔径为 $1 \sim 20$ nm)。

聚醚砜与聚砜性质大致相同,热稳定性比聚砜更好,可在 90 ℃下长期使用,可经受 128 ℃高温热灭菌。

聚丙烯腈有很好的耐水解性和抗氧化性。

聚偏氟乙烯机械强度高,化学性质与聚四氟乙烯相近。

聚氯乙烯水通量大,工作压力低。

(三)超滤膜组件

超滤膜组件按结构形式可分为板框式、螺旋式、管式、毛细管式等。

1.板框式膜组件

板框式膜组件是最早开始研究和应用的膜组件形式之一,它最先应用在大规模超滤和反渗透系统中,其设计源于常规的过滤概念。板框式膜组件可拆卸进行膜清洗,单位膜面积装填密度高,投资费用较高,运行费用较低。

2.螺旋式膜组件

螺旋式(又称卷式)膜组件最初也是为反渗透系统开发的,目前广泛应用于超滤和气体分离过程,其投资及运行费用都较低。超滤除部分用于水质净化外,多数应用于高分子、胶体等物质的分离浓缩,而卷式结构导致膜面流速较低,难以有效控制浓差极化且膜面易受污染,从而限制了应用范围。

3.管式膜组件

管式膜组件系统对进料液有较强的抗污能力,通过调节膜表面流速能有效地控制浓差极化,膜被污染后宜采用海绵球或其他物理化学方法清洗。其缺点是投资及运行费用都较高,膜装填密度小。最初的管式膜组件的每个套管内只能填充单根直径为 2~3 cm 的膜管,近年来研发的管式膜组件可以在每个套管内填充 5~7 根直径为 0.5~1.0 cm 的膜管。

4.毛细管式膜组件

毛细管式膜组件由直径为 0.5~2.5 mm 的毛细管超滤膜组成,制作时将数根毛细管超滤膜平行置于耐压容器中,两端用环氧树脂灌封。料液在膜组件中的流动方式为轴流式。毛细管式膜组件分为内压式和外压式两种,膜采用纤维纺丝工艺制成,由于毛细管没有支撑材料,因而投资费用低,便于进行反冲洗,但操作压力有限。该类膜组件密度大,进料液需经过有效的预处理。毛细管超滤装置目前在国内应用较为广泛。

以上四种超滤膜组件的特点比较见表 6-10,在实际应用中要根据处理对象加以选择。

表 6-10 四种超滤膜组件的特点比较

膜组件类型	膜比表面积/$(m^2 \cdot g^{-1})$	投资费用	运行费用	流速控制	就地清洗情况
板框式	400~600	高	低	中等	差
螺旋式(卷式)	800~1000	最低	低	差	差
管式	25~50	高	高	好	好
毛细管式	600~1200	低	低	好	中等

（四）超滤膜及膜组件设计

1. 超滤膜及膜组件选择

（1）超滤膜选择

超滤膜的合理选材和选型,主要依据所处理废水的最高温度、pH 值、分离物质分子量范围等。选用的超滤膜在截留分子量、允许使用的最高温度、pH 值范围、膜的水通量、膜的化学稳定性及膜的耐污染等性能方面,必须满足设计目标的要求。

（2）膜组件选择

膜组件有管式、板框式、卷式和毛细管式等多种结构形式,应根据所处理废水的特点进行选择。高污染的废水为避免浓差极化可考虑选用流动性好、对堵塞不敏感和易于清洗的膜组件,如管式或板框式,但同时要考虑膜组件造价、膜更换费用和运行费用。近年来,毛细管式膜组件和卷式膜组件的改进提高了其抗污染的能力,在一些领域正在取代造价较高的管式和板框式膜组件。

表 6-11 和表 6-12 列出了两个厂家的超滤膜组件的运行参数。

表 6-11　膜天超滤膜组件运行参数

膜组件使用条件					
项目	大型膜组件（B125）			标准型膜组件（UF₁IB9L）	
最大进水颗粒/μm	5			5	
最高进水悬浮物浓度/(mg·L⁻¹)	5			5	
pH 值范围	2~13			2~13	
运行温度/℃	5~45			5~45	
运行方式	错流过滤,反洗和其他清洗			错流过滤,反洗和其他清洗	
清洗水	超滤水			超滤水	
最大进水压力/MPa	0.3			0.3	
最大透膜压差/MPa	0.2			0.2	
水处理过程设计条件					
建议过滤水通量/(L·h⁻¹)	地下水 800~1600	地表水 700~1600	纯水终端 1000~1600	地下水 500~800 / 地表水 400~800 / 纯水终端 600~800		
反洗压力/MPa	0.2			0.2	
运行浓水流量/(L·m⁻²·h⁻¹)	≥150			≥150	
反洗频率/h	2~8			2~8	
反洗时间/s	30~60			30~60	
化学清洗	清洗频率	根据需要		根据需要	
	清洗药品	柠檬酸(或 HCl); NaOH+NaClO		柠檬酸(或 HCl); NaOH+NaClO	

表6-12 立升PVC合金超滤膜部分组件规格及运行参数

型号		LH3-0450-V	LH3-0650-V	LH3-0660-V	LH3-0680-V	LH3-1060-V
规格	中空纤维丝数量	2400	3100	3100	3100	9100
	中空纤维丝内外径/mm	1.0/1.66				
建议工作条件	建议透膜压力/MPa	0.04~0.08				
	最大进水压力/MPa	0.3				
	最大跨膜压差/MPa	0.2				
	最大反洗跨膜压差/MPa	0.15				
	上限温度/℃	40				
	下限温度/℃	5				
	pH值耐受范围	2~13				
	运行方式	全量过滤或错流过滤				
典型工艺条件	反洗流量/(t·h⁻¹)	2~3倍小时产水量				
	反洗压力/MPa	0.06~0.12				
	反洗时间/s	20~180				
	反洗周期/min	20~60				
	顺冲流量/(t·h⁻¹)	1.5~2倍小时产水量				
	顺冲时间/s	10~30				
	顺冲间隔/min	10~60				
	化学清洗周期/d	6~180				
	化学清洗时间/min	15~120				
	化学清洗药品	柠檬酸、NaOH/NaClO、H₂O₂				

2. 超滤膜产水通量的设计

超滤膜的产水通量直接决定了装置的设计总膜面积、装置规模及投资额。影响超滤膜产水通量的主要因素有操作压力、料液浓度、膜表面流速、料液温度、操作时间。上述参数的优化组合是保证超滤系统产水通量和装置稳定运行的重要条件。

（1）操作压力的影响

超滤膜产水通量与操作压力的关系取决于溶液的性质，而溶液的性质又决定了膜和边界层的性质。当溶液的性质符合渗透压模型时，膜的产水通量与操作压力成正比。当处理介质为高浓度有机废水时，溶液的透过量用凝胶极化模型表示，膜透过通量与压力无关，此时的透过通量称为临界透过通量，对应的操作压力称为临界压力。

（2）料液浓度的影响

料液浓度对超滤膜产水通量的大小有一定影响。一般情况下，随着超滤过程的进行,渗透液不断排出系统,浓缩液一侧浓度不断增加,膜的产水通量不断降低。

通过试验,可绘制在一定温度和压力下膜的产水通量随料液浓度增加的变化曲线,由该曲线可取得两个参数:一是在工艺要求的进料浓度范围内膜的产水通量和平均产水通量;二是超滤过程中该料液的极限浓度,也就是最高允许浓度。同时,分析试验过程中膜的透过液水质,计算出膜对所分离物质的分离率。

（3）膜表面流速的影响

膜的产水通量随膜表面流速的增大而增加。提高膜表面流速可以防止和改善膜表面浓差极化,增加膜的产水通量,提高设备的处理能力。但提高膜表面流速会导致进料泵的能耗加大,运行费用增加。膜表面设计流速必须在所选用膜组件允许的流速范围内。通过试验,绘制在一定浓度和压力下不同膜表面流速与膜产水通量的关系曲线,对提高膜表面流速增加的水通量和能耗进行技术经济比较,最终确定工艺的膜表面流速。

（4）料液温度的影响

温度是影响超滤膜产水通量的另一个重要因素,一般情况下,在膜组件允许的温度范围内,其产水通量随温度的升高而增加。运行温度的确定主要取决于两点:一是所处理料液允许的合理的温度范围;二是通过试验,绘制膜产水通量与温度的变化关系曲线,以确定系统实际运行温度范围内的膜产水通量。

（5）操作时间的影响

操作时间对超滤膜产水通量有较大的影响。随着超滤过程的进行,膜面逐渐形成凝胶极化层,导致膜的产水通量逐渐降低。当超滤运行一定时间,膜的产水通量下降到一定水平后,需要进行膜清洗。从开始运行到需要进行膜清洗这段时间为一个运行周期,运行周期应通过试验确定。

3. 膜面积及膜组件数量的确定和计算

膜的产水通量确定后,超滤工艺所要求的膜面积可根据处理规定按下式计算:

$$A = 1000 \times Q_p / F \tag{6-21}$$

式中:A——所需膜面积,m^2;

　　Q_p——设计产水水量,m^3/h;

　　F——超滤膜产水通量,$L/(m^2 \cdot h)$。

膜面积确定后,根据选择的超滤组件的膜面积,可由下式确定膜组件数量:

$$n = \frac{A}{f} \tag{6-22}$$

式中:n——所需膜组件数量;

　　f——单个膜组件的膜面积,m^2。

4. 操作流程

超滤的基本操作流程有间歇式和连续式两种,应根据生产规模的大小选择合适的操作流程。

① 间歇式:常用于小规模处理。从保证膜产水通量来看,这种方式的效率最高,可以

保证膜始终在最佳浓度范围内进行操作。在待过滤水浓度低时,可得到很高的膜产水通量。

② 连续式:常用于大规模生产。运行时采用部分循环方式,而且循环量常比料液量大得多。

5. 膜组件的排列组合方式

在确定超滤工艺是间歇操作或连续操作的前提下,根据超滤处理规模和膜组件的数量,设计膜组件的排列组合方式。膜组件的组合方式有一级和多级之分,在各个级别中又分为一段和多段。一般来讲,可将膜组件串联或者并联。在膜组件较多的情况下,可以将串联方式和并联方式结合起来。

膜组件的推荐安装方法如下:

① 膜组件直立,并联组装,液体由膜组件的下端进入,以利于空气的排放。

② 大型的超滤设备应安装高低压保护装置及采用变频供水,使水压逐渐上升以避免冲击。

③ 对于大型的超滤设备宜单设清洗系统,清洗用水可采用超滤水。

④ 错流过滤时要采用浓水循环方式。

⑤ 采用全过滤方式时,其反洗周期需通过试验确定。

第二节　离子交换设备

一、离子交换基本原理

离子交换是以离子交换剂上的可交换离子与液相中离子间发生交换为基础的分离方法。离子交换广泛采用人工合成的离子交换树脂作为离子交换剂,它是具有网状结构和可电离的活性基因的难溶性高分子电解质。根据树脂骨架上的活性基团的不同,离子交换树脂可分为阳离子交换树脂、阴离子交换树脂、两性离子交换树脂、整合树脂和氧化还原树脂等。用于离子交换分离的树脂要求具有一定的交联度和难溶性,交换容量高,稳定性好。

阳离子交换树脂大都含有磺酸基($-SO_3H$)、羧基($-COOH$)或苯酚基($-C_6H_4OH$)等酸性基团,其中的氢离子能与溶液中的金属离子或其他阳离子进行交换。例如,苯乙烯和二乙烯苯的高聚物经磺化处理得到强酸性阳离子交换树脂,其结构式可简单表示为RSO_3H,R代表树脂母体。

阴离子交换树脂含有季氨基、氨基或亚氨基等碱性基团。它们在水中能生成OH^-,OH^-可与各种阴离子进行交换,交换原理为

$$R-N(CH_3)_3OH+Cl^- \longrightarrow RN(CH_3)_3Cl+OH^-$$

关于离子交换过程的机理很多,其中最适于水处理工艺的是将离子交换树脂看作具有胶体型结构的物质,这种观点认为在离子交换树脂的高分子表面上有许多和胶体表面相似的双电层。在双电层中,紧邻高分子表面的一层离子称为内层离子,其外面是与内层离子符号相反的离子层。与胶体的命名法相似,我们常把与内层离子符号相同的离子称作同离子,把与内层离子符号相反的离子称作反离子。因此,离子交换就是树脂中原有的反离子和溶液中的反离子相互交换位置。

离子交换过程常在离子交换器中进行。离子交换器外形类似压力滤池,外壳为一钢罐。离子交换通常采用过滤方式,滤床由交换剂构成。

二、离子交换剂

作为离子交换剂的离子交换树脂在离子交换中起着重要作用,以下介绍离子交换树脂的基本类型和特性。

(一)离子交换树脂的基本类型

1. 强酸性阳离子树脂

这类树脂含有大量的强酸性基团,如磺酸基($-SO_3H$),容易在溶液中离解出 H^+,故呈强酸性。树脂离解后,本体所含的带负电荷基团能吸附结合溶液中的其他阳离子。这两个反应使树脂中的 H^+ 与溶液中的阳离子互相交换。强酸性阳离子树脂的离解能力很强,在酸性或碱性溶液中均能离解和产生离子交换作用。此类树脂可以用酸或 NaCl 溶液再生。

2. 弱酸性阳离子树脂

这类树脂含弱酸性基团,如羧基($-COOH$),能在水中离解出 H^+ 而呈酸性。树脂离解后余下的带负电荷基因如 $RCOO^-$(R 为烃基),能与溶液中的其他阳离子吸附结合,从而产生阳离子交换作用。弱酸性阳离子树脂的酸性即离解能力较弱,在溶液 pH 值较低时难以离解和进行离子交换,只能在碱性、中性或微酸性溶液中(如 pH = 5~14)起作用。这类树脂用酸进行再生(比强酸性阳离子树脂较易再生)。

3. 强碱性阴离子树脂

这类树脂含有强碱性基团,如季氨基,能在水中离解出 OH^- 而呈强碱性。这类树脂的正电荷基团能与溶液中的其他阴离子吸附结合,从而产生阴离子交换作用。强碱性阴离子树脂的离解性很强,在不同 pH 值下都能正常工作。这类树脂用强碱(如 NaOH 溶液)进行再生。

4. 弱碱性阴离子树脂

这类树脂含有弱碱性基团,如伯氨基(一级氨基,$-NH_2$)、仲氨基(二级氨基,$-NHR$)或叔氨基(三级氨基,$-NR_2$),它们在水中能离解出 OH^- 而呈弱碱性。弱碱性阴离子树脂的正电荷基团能与溶液中的其他阴离子吸附结合,从而产生阴离子交换作用。这类树脂在多数情况下是将溶液中的其他酸分子吸附。它只能在中性或酸性条件下工作,可用 Na_2CO_3 溶液、NH_4OH 溶液进行再生。

以上是离子交换树脂的四种基本类型。在实际使用中,常将这些树脂转变为其他型式运行,以适应各种需要。例如,常将强酸性阳离子树脂与 NaCl 作用,转变为钠型树脂再使用。工作时,钠型树脂放出 Na^+ 并与溶液中的 Ca^{2+}、Mg^{2+} 等阳离子进行交换,从而除去这些离子。反应时不会放出 H^+,可避免溶液 pH 值下降和由此产生的副作用(如蔗糖转化和设备腐蚀等)。这种树脂以钠型运行使用后,可用 NaCl 溶液再生(不用强酸)。又如阴离子树脂可转变为氯型再使用,工作时放出 Cl^- 而吸附交换其他阴离子,它的再生只需用 NaCl 溶液。氯型树脂也可转变为碳酸氢型(HCO_3^-)树脂运行。强酸性树脂及强碱性树脂在转变为钠型和氯型后,就不再具有强酸性及强碱性,但它们仍然具有这些树脂的其他典型性能,如离解性强和工作的 pH 值范围广等。

(二)离子交换树脂基体的组成

树脂基体的制造原料主要有苯乙烯和丙烯酸两大类,它们分别与交联剂二乙烯苯发生聚合反应,形成具有长分子主链及交联横链的网络骨架结构的聚合物。苯乙烯系树脂应用较早,丙烯酸系树脂则应用较晚。这两类树脂的吸附性能都很好,但各有特点。丙烯酸系树脂能交换吸附大多数离子型色素,脱色容量大,而且吸附物较易洗脱,便于再生,在糖厂中可用作主要的脱色树脂。苯乙烯系树脂擅长吸附芳香族物质,善于吸附糖汁中的多酚类色素(包括带负电的或不带电的);但在再生时较难洗脱吸附物。

树脂的交联度即树脂基体聚合时所用二乙烯苯的质量百分数,对树脂的性质有很大影响。通常,交联度高的树脂聚合得比较紧密,坚固耐用,密度较高,内部孔隙较少,对离子的选择性较强;而交联度低的树脂孔隙较大,脱色能力较强,反应速度较快,但工作时的膨胀性较大,机械强度稍低,比较脆而易碎。工业应用的离子交换树脂的交联度一般不低于4%;用于脱色的树脂的交联度一般不高于8%;单纯用于吸附无机离子的树脂的交联度可较高。

除上述苯乙烯系和丙烯酸系这两大系列以外,离子交换树脂还可由其他有机单体聚合制成,如酚醛系(CFP)、环氧系(EPA)、乙烯吡啶系(VP)、脲醛系(UA)等。

(三)离子交换树脂的物理结构

离子交换树脂常分为凝胶型和大孔型两类。

1. 凝胶型离子交换树脂

凝胶型离子交换树脂的高分子骨架在干燥的情况下内部没有毛细孔。它在吸水时润胀,在大分子链节间形成很微细的孔隙,通常称为显微孔,平均孔径为 $2\sim4$ nm。

这类树脂较适合用于吸附无机离子,它们的直径较小,一般为 $0.3\sim0.6$ nm。这类树脂不能吸附大分子有机物质,因后者的尺寸较大,如蛋白质分子直径为 $5\sim20$ nm,不能进入这类树脂的显微孔中。

2. 大孔型离子交换树脂

大孔型离子交换树脂是在聚合反应时加入致孔剂,形成多孔海绵状构造的骨架(内部有大量永久性的微孔),再导入交换基团制成的。它含有微细孔和大网孔,润湿树脂的孔径达 100~500 nm,孔的大小和数量都可以在制造时进行控制。孔道的表面积可以达到 1000 m²/g 以上。

大孔型树脂内部的孔隙又多又大,表面积很大,活性中心多,离子扩散速度快,离子交换速度也很快,约比凝胶型树脂快 10 倍。使用时,作用速度快、效率高、所需处理时间短。

大孔树型脂的其他优点:耐溶胀,不易碎裂,耐氧化,耐磨损,耐热及耐温度变化,以及对有机大分子物质较易吸附和交换,因而抗污染能力强,并较容易再生。

(四) 离子交换树脂的离子交换容量

离子交换树脂进行离子交换的性能表现在它的"离子交换容量",即每克干树脂或每毫升湿树脂所能交换的离子的毫克当量数,meq/g(干)或 meq/mL(湿);当离子为一价时,毫克当量数就是毫克分子数(对二价或多价离子,毫克当量数为毫克分子数乘以离子价数)。离子交换容量有总交换容量、工作交换容量和再生交换容量三种表示方式。

① 总交换容量:每单位数量(质量或体积)树脂能进行离子交换反应的化学基团的总量。

② 工作交换容量:树脂在一定条件下的离子交换能力,它与树脂种类和总交换容量,以及具体工作条件如溶液的组成、流速、温度等因素有关。

③ 再生交换容量:在一定的再生剂量条件下所取得的再生树脂的交换容量,表明树脂中原有化学基团再生复原的程度。

通常,再生交换容量为总交换容量的 50%~90%(一般控制在 70%~80%),而工作交换容量为再生交换容量的 30%~90%(对再生树脂而言),后一比率亦称为树脂利用率。

在实际使用中,离子交换树脂的交换容量包括吸附容量,但后者所占的比例因树脂结构不同而异。现仍未能分别进行计算,在具体设计中,需凭经验数据对交换容量进行修正,并在实际运行时复核。

离子交换树脂交换容量的测定一般以无机离子进行。这些离子尺寸较小,能自由扩散到树脂体内,与其内部的全部交换基团起反应。而在实际应用时,溶液中常含有高分子有机物,它们的尺寸较大,难以进入树脂的显微孔中,因而实际的交换容量会低于用无机离子测出的数值。

(五) 离子交换树脂的吸附选择性

离子交换树脂对溶液中的不同离子有不同的亲和力,对它们的吸附有选择性。各种离子受树脂交换吸附作用的强弱程度有一定的规律,但不同的树脂可能略有差异。主要规律如下。

1. 对阳离子的吸附

高价离子通常被优先吸附,而低价离子的吸附较弱。在同价的同类离子中,直径较大的离子易被吸附。一些阳离子被吸附的顺序如下:

$$Fe^{3+}>Al^{3+}>Pb^{2+}>Ca^{2+}>Mg^{2+}>K^+>Na^+>H^+$$

2. 对阴离子的吸附

强碱性阴离子树脂对无机酸根的吸附的一般顺序如下：

$$SO_4^{2-}>NO_3^->Cl^->HCO_3^->OH^-$$

弱碱性阴离子树脂对阴离子的吸附的一般顺序如下：

$$OH^->柠檬酸根>SO_4^{2-}>酒石酸根>草酸根>PO_4^{3-}>NO_2^->Cl^->醋酸根>HCO_3^-$$

（六）离子交换树脂的物理性质

离子交换树脂的颗粒尺寸和一些物理性质对它的工作和性能有很大影响。

1. 颗粒尺寸

树脂颗粒较小者,反应速度较大,但小颗粒对液体通过的阻力较大,需要较高的工作压力;特别是浓糖液黏度高,这种影响更显著。因此,树脂颗粒的大小应选择适当。若树脂粒径在 0.2 mm(约为 70 目)以下,则流体通过的阻力会明显增大,导致流量和生产能力降低。

2. 密度

树脂在干燥时的密度称为真密度。湿树脂每单位体积(包括颗粒间空隙)的质量称为湿密度。树脂的密度与它的交联度和交换基团的性质有关。通常,交联度高的树脂的密度较高,强酸性或强碱性树脂的密度高于弱酸性或弱碱性树脂的密度,而大孔型树脂的密度则较低。江苏某公司的苯乙烯系凝胶型强酸性阳离子树脂的真密度为 1.26 g/mL,湿密度为 0.85 g/mL;而丙烯酸系凝胶型弱酸性阳离子树脂的真密度为 1.19 g/mL,湿密度为 0.75 g/mL。

3. 溶解性

离子交换树脂应为不溶性物质,但树脂在合成过程中夹杂的聚合度较低的物质,以及树脂分解生成的物质,会在工作运行时溶解。交联度较低和含活性基团多的树脂的溶解倾向较大。

4. 膨胀度

离子交换树脂含有大量亲水基团,与水接触即吸水膨胀。当树脂中的离子与废水中离子交换时,因树脂上的离子直径增大而发生膨胀,树脂体积增大。通常,交联度低的树脂的膨胀度较大。在设计离子交换装置时,必须考虑树脂的膨胀度,以适应生产运行时树脂中的离子转换导致的树脂体积变化。

5. 耐用性

树脂颗粒在使用过程中有转移、摩擦、膨胀和收缩等变化,长期使用后会有少量损耗和破碎,故树脂要有较高的机械强度和较好的耐磨性。通常,交联度低的树脂较易破碎,但树脂的耐用性主要取决于交联结构的均匀程度及其强度。

三、离子交换工艺设备

目前离子交换工艺设备大致分为固定床和连续床。

（一）固定床

固定床离子交换是将树脂装在交换柱内,待处理的溶液不断地流过树脂层,离子交换的各项操作均在柱内进行。根据用途不同,固定床可以设计成单床、多床和混床。

1. 固定床离子交换操作过程

为保证离子交换装置的正常工作,原水在进入装置前必须先经过适当的预处理,预处理应包括去除悬浮物、有机物、氯胺、铁等,预处理所需达到的要求因采用的离子交换树脂类型不同而有所不同。固定床离子交换操作过程一般包括交换（过滤）、反冲洗、再生和清洗四个阶段,这四个阶段依次进行,形成不断循环的工作周期。

（1）交换阶段

交换阶段是利用离子交换树脂的交换能力,从废水中分离脱除需要去除的离子的操作过程。

离子交换柱工作过程如图 6-19 所示。

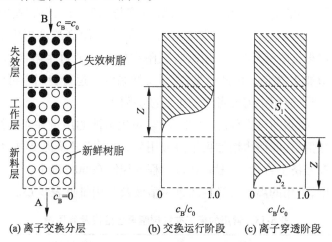

(a) 离子交换分层 (b) 交换运行阶段 (c) 离子穿透阶段

图 6-19 离子交换柱工作过程示意

例如,用树脂 RA 处理含离子 B 的废水,当废水进入交换柱后,首先与顶层的树脂接触并进行交换,B 离子被吸附而 A 离子被交换下来。废水继续流过下层树脂,水中 B 离子浓度逐渐降低,而 A 离子浓度逐渐升高。当废水流经一段滤层之后,其中全部的 B 离子都被交换成 A 离子,再往下便无变化地流过其余的滤层,此时出水中 B 离子浓度 $c_B = 0$。交换柱中树脂的实际装填高度远远大于工作层厚度 Z,因此当废水不断流过树脂层时,工作层便不断下移。这样,交换柱在工作过程中,整个树脂层就形成了上部饱和层（失效层）、中部工作层、下部新料层三个部分。

运行到某一时刻时,工作层的前沿达到交换柱树脂底层的下端,出水中开始出现 B 离子,这个临界点称为穿透点。达到穿透点时,树脂尚有一定的交换能力,若继续通入废水,则仍能除去一定量的 B 离子,不过出水中的 B 离子浓度会越来越高,直到出水和进水中的 B 离子浓度相等,这时整个柱的交换能力耗尽,交换柱达到饱和点。

一般废水处理中,交换柱达到穿透点时就应停止工作,进行树脂再生。

废水处理设备原理与设计

（2）反冲洗阶段

反冲洗的目的有两个：一是松动树脂层，使再生溶液能均匀渗入层中，与树脂颗粒充分接触；二是把过滤过程中产生的破碎粒子和截留的污物冲走。为了达到这两个目的，树脂层在反冲洗时要膨胀 30%～40%，冲洗水可用自来水。

（3）再生阶段

① 再生的推动力。

离子交换树脂的再生是离子交换的逆过程，其反应式为

$$R_n^- A_n^+ + nB^+ \rightleftharpoons nR^- B^+ + A_n^+$$

再生的推动力主要是反应系统的离子浓度差。此外，对弱酸、弱碱树脂而言，除浓度差作用外，由于它们分别对 H^+ 和 OH^- 的亲和力较强，所以用酸和碱再生时，比强酸、强碱树脂更容易再生，所使用的再生溶液浓度也较低。

② 再生溶液用量与再生程度。

理论上讲，再生溶液的有效用量总当量数应该与树脂的工作交换容量总当量数相等。但实际上，为了使再生进行得更快更彻底，一般会使用高浓度再生溶液。当再生程度达到要求后需将再生溶液排出，并用水将黏附在树脂上的再生溶液清洗掉，这样就使得再生溶液用量增加 2～3 倍。由此可见，离子交换系统的运行费用中再生费用占主要部分，这是离子交换技术应用中需要考虑的主要经济因素。

另外，离子交换树脂的再生程度（再生率）与再生溶液的用量并非呈线性关系。当再生程度达到一定数值后，即使再增加再生溶液用量，也不能显著提高再生程度。因此，为使离子交换技术在经济上合理，一般要将再生程度控制在 60% 以下。

在废水处理中，常用的离子交换树脂再生溶液及其用量见表 6-13。

表 6-13　常用的离子交换树脂再生溶液及其用量

离子交换树脂		再生溶液		
种类	离子形式	名称	质量分数/%	理论用量倍数
强酸性	H 型	HCl	3～9	3～5
	Na 型	NaCl	8～10	3～5
弱酸性	H 型	HCl	4～10	1.5～2
	Na 型	NaOH	4～6	1.5～2
强碱性	OH 型	NaOH	4～6	4～5
	Cl 型	HCl	8～12	4～5
弱碱性	OH 型	NaOH	3～5	1.5～2
	Cl 型	HCl	8～12	1.5～2

（4）清洗阶段

清洗的目的是洗涤残留的再生溶液和再生时可能出现的反应产物。通常清洗的水

流方向和过滤时一样,所以又称为正洗。清洗的水流速度应先小后大。清洗过程后期应特别注意掌握清洗终点的 pH 值(尤其是弱碱性树脂转型之后的清洗),避免重新消耗树脂的交换容量。一般淋洗用水量为树脂体积的 4~13 倍,淋洗水流速为 2~4 m/h。

2. 固定床离子交换设备

固定床离子交换设备都有一个固定、膨胀、再生和清洗顺次运行的周期,之后才能再次恢复到原来的状态,准备开始一个新的周期,因而此类设备为间歇式运行。固定床离子交换设备按照水和再生溶液的流动方向分为顺流再生式、逆流再生式(包括逆流再生离子交换器和浮床式离子交换器)和分流再生式;按交换器内树脂的状态分为单层(树脂)床、双层床、双室双层床、双室双层浮动床及混合床;按设备的功能分为阳离子交换器(包括钠离子交换器和氢离子交换器)、阴离子交换器和混合离子交换器。

(1)顺流再生离子交换器

顺流再生离子交换器在工作时,水流自上而下流过离子交换树脂。再生时,工作水流和再生溶液同向流动(并流),其工艺特点如图 6-20 所示。

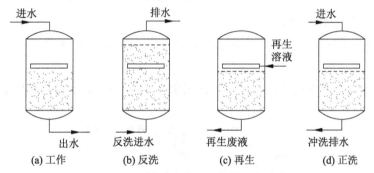

图 6-20　顺流再生离子交换器工艺特点

顺流再生离子交换器内部结构如图 6-21 所示。交换器的主体是一个密封的圆柱形压力容器,器体上设有树脂装卸口和用以观察树脂状态的观察孔,同时设有进水口、排水口和再生溶液分配装置。交换器中装有一定高度的树脂,树脂层上面留有一定的反洗空间。

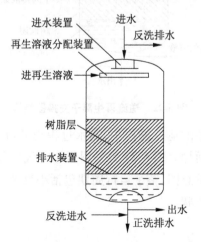

图 6-21　顺流再生离子交换器内部结构

顺流再生离子交换器结构简单,运行操作方便,工艺控制容易,对进水悬浮物含量要求不太严格(浊度≤5NTU)。其通常适用于以下情况:

① 对经济性要求不高的小容量除盐装置;

② 原水水质较好及 Na⁺含量较低的水处理;

③ 采用弱酸性树脂或弱碱性树脂。

(2) 逆流再生离子交换器

顺流再生工艺出水端树脂具有再生程度较小的缺点,目前使用较多的是逆流再生工艺,其运行时水流方向和再生时再生溶液的流动方向相反。由于逆流再生工艺中再生溶液及置换水都是从下向上流动的,流速稍大时,就会发生树脂层扰动的现象,因此在采用逆流再生工艺时,必须从设备结构和运行操作上采取相应措施。

逆流再生离子交换器的结构如图 6-22 所示。逆流再生离子交换器的结构和管路系统与顺流再生离子交换器基本类似,不同之处在于:在树脂层上表面设有中间排液系统及压脂层。

压脂层有以下两种作用:

① 过滤水中的悬浮物,使其不能进入下部树脂中,这样便于将其洗去而又不影响下部的树脂层;

② 顶压空气或水通过压脂层均匀地作用于整个树脂表面,从而防止树脂向上移动。

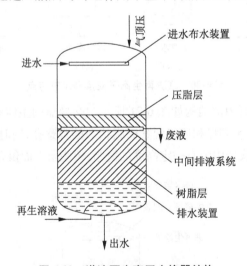

图 6-22 逆流再生离子交换器结构

在逆流再生离子交换器的运行操作中,制水过程与顺流式没有区别,再生操作随防止树脂层扰动措施的不同而异。图 6-23 为采用压缩空气顶压防止树脂层扰动时的逆流再生离子交换器操作过程示意图,整个运行周期包括小反洗、放水、顶压、进再生溶液、逆流清洗、小正洗、正洗七个步骤。

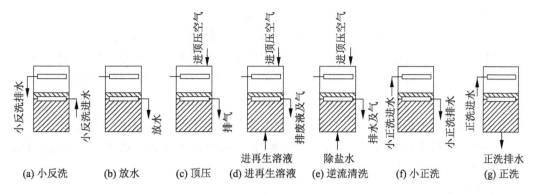

图6-23 逆流再生离子交换器操作过程(压缩空气顶压)

与顺流再生离子交换器相比,逆流再生离子交换器具有对水质适应性强、出水水质好、自用水率低等优点。但因该工艺要求再生时及运行中树脂层不被扰动,故每次再生前不能从底部进行大反洗,只能从再生排废液管处进水对排废液管上部的压脂层进行小反洗,反洗往往不太彻底。

(二) 连续床

1. 移动床

移动床是一种半连续式离子交换装置,在离子交换过程中,不但被处理的水溶液是流动的,树脂也是移动的,饱和后的树脂被连续地送到再生柱和清洗柱进行再生和清洗,然后送回交换柱进行交换。移动床系统主要有单塔单周期再生、两塔单周期再生、两塔连续再生、两塔多周期再生、三塔多周期再生等工艺系统。单塔单周期再生移动床的工作原理见图6-24。由图可见,移动床内树脂分三层,失效的一层立即被移出柱外进行再生清洗,再生清洗后的树脂也定期向交换柱中补充,其间要停产 $1\sim2$ min,使树脂落床,故称移动床为半连续式离子交换装置。

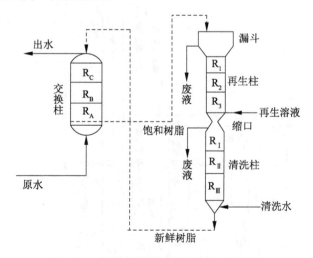

图6-24 单塔单周期再生移动床工作原理

开始运行时,原水从树脂交换塔下部进入交换柱,将配水系统以上的树脂托起,即成床。成床后进行离子交换,处理后的水从出水管排出,并自动关闭浮球阀。运行一段时间后停止进水并进行排水,使塔中的压力下降,此时水向塔底方向流动,使整个树脂分层,即落床。与此同时,浮球阀自动打开,再生柱上部漏斗中的新鲜树脂落入交换柱树脂层上面,同时排水过程将失效树脂从塔底部排出,即落床过程中同时完成新鲜树脂补充和失效树脂排出。两次落床之间交换柱的运行时间即为移动床的一个大周期。移动床运行流速较高,树脂用量少且利用率高,而且还具有占地面积小,能连续供水及减少设备用量等优点。

2. 流动床

流动床不仅把交换塔中的树脂分层考虑,而且把再生柱和清洗柱的树脂也分层考虑。流动床是全连续式离子交换装置。

流动床离子交换装置有两种,即压力式和重力式。目前所用的大多为重力式流动床,重力式流动床按结构又可分为双塔式(交换塔和再生清洗塔)和三塔式(交换塔、再生塔、清洗塔)两种类型。

以重力式双塔流动床为例,其工艺流程如图 6-25 所示。原水从交换塔底部进入,经过布水管均匀地分布在整个断面上,穿过塔板上的过水单元和悬浮状态的树脂层接触,在交换塔的几个分区中与树脂进行离子交换反应,使原水得到净化,软化水经塔上部的溢水堰流出。从再生清洗塔来的新鲜树脂通过塔上部进入交换塔,呈悬浮状态向下移动,并经浮球阀进入下面的交换区域,交换饱和后的失效树脂经设于塔底的排树脂管由水射器输送到再生清洗塔中。

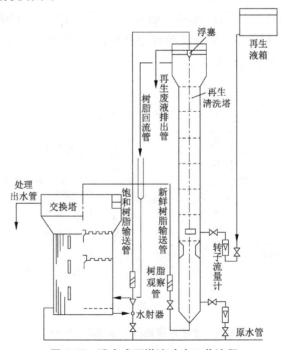

图 6-25　重力式双塔流动床工艺流程

在失效树脂输送管进入再生塔的出口处设有漂浮调节阀,可自动调节进入再生塔的树脂量。进入再生塔的多余树脂经回流管回流到交换塔底部的交换区,以保证树脂量的平衡。需要再生的树脂沿再生清洗塔自上而下降落,在塔上部再生段与再生液接触,使树脂得到再生,然后进入塔下部的清洗置换段,与自下而上的清洗水接触,使树脂得以清洗。清洗后的树脂下降到塔底部的输送段,依靠再生清洗塔与交换塔之间的液位差被输送至交换塔。

流动床结构简单,操作方便,对原水浊度的要求比固定床低。重力式流动床为常压设备,再生清洗塔可用塑料等非金属材料制作。目前,国内流动床只用于软化水处理。

四、离子交换设备设计

(一)确定离子交换设计参数

1. 确定进水和出水的水质与水量

根据离子交换不同的处理目标,应确定相应的进水和出水水质指标。用于软化时,应确定进出水的硬度指标;用于脱盐时,应确定进出水的阳离子和阴离子浓度指标;对废水而言,出水指标常常为国家或地方的排放标准。在制水工程中,处理水量应考虑到树脂再生时附加的清洗水量。

2. 确定离子交换柱在工况条件下的设计参数

确定工况条件下的设计参数是十分复杂的,往往要通过试验和参照相似的实际运行装置。这些设计参数包括树脂的工作交换容量、液体的流速、再生溶液消耗量等。在无确切资料的情况下,离子交换设备用于脱盐时可利用国内现行的各种设计规范提供的推荐数据。

(二)离子交换设计计算

1. 计算离子交换柱处理负荷

$$G = Q(C - C_p) \tag{6-23}$$

式中:G——处理负荷,mol/h;

　　Q——处理水量,m^3/h;

　　C——进水浓度,mol/m^3;

　　C_p——出水浓度,mol/m^3。

2. 计算所需树脂的总体积

$$V = Gt/E_0 \tag{6-24}$$

式中:V——树脂总体积,m^3;

　　t——树脂再生周期,h;

　　E_0——工作交换容量,mol/m^3。

3. 计算离子交换柱的直径

$$D = \sqrt{\frac{4Q}{\pi v}} \tag{6-25}$$

废水处理设备原理与设计

式中:D——离子交换柱直径,m;

v——处理液在柱内的流速,m/h。

4. 计算离子交换柱高度

$$h = \frac{4V}{D^2\pi} \qquad (6\text{-}26)$$

式中:h——树脂层高度,m。

$$H = h(1+\alpha) \qquad (6\text{-}27)$$

式中:H——离子交换柱高度,m;

α——树脂清洗时的膨胀率,可按 40%~50% 考虑。

5. 计算再生溶液的体积

再生溶液的用量为

$$M = q_0 E_0 V' \qquad (6\text{-}28)$$

式中:M——再生溶液的用量,g;

q_0——再生溶液消耗量,g/mol;

V'——塔内所装填饱和树脂的体积,m^3。

再生溶液的体积为

$$V_i = M/C_i \qquad (6\text{-}29)$$

式中:V_i——在一定浓度下的再生液体积,L;

C_i——再生溶液中所含再生剂的浓度,g/L。

第三节　消毒设备

一、消毒方法

废水经二级处理后,水质已经改善,细菌含量也大幅减少,但废水中仍可能存在病原菌。因此,在排放经处理的废水或回用前,应进行消毒处理。消毒是杀灭废水中病原微生物的工艺过程。废水消毒应连续运行,特别是在城市水源地的上游、旅游区,夏季或流行病流行季节,回用之前应严格连续消毒。非上述情况,在经过卫生防疫部门的同意后,也可考虑采用间歇消毒法或酌减消毒剂的投加量。

消毒方法大体上可分为两类:物理法和化学法。物理法主要有加热、冷冻、辐照、紫外线和微波消毒等方法。加热和辐照对污泥消毒较为合适。紫外线适用于小水量、清洁水的消毒。化学法是利用各种化学消毒剂进行消毒,常用的化学消毒剂有氯及其化合物、各种卤素、臭氧、重金属离子等。重金属离子常用于除藻及工业用水消毒。溴和碘及其制剂可用于游泳池水及临时用水消毒。常用消毒方法的比较见表6-14。

表 6-14　常用消毒方法比较

项目		液氯	臭氧	二氧化氯	紫外线照射	加热	重金属离子（银、铜等）
使用剂量/（mg·L^{-1}）		10.0	10.0	2~5	—	—	—
接触时间/min		10~30	5~10	10~20	短	10~20	120
效率	对细菌	有效	有效	有效	有效	有效	有效
	对病毒	部分有效	有效	部分有效	部分有效	有效	无效
	对芽孢	无效	有效	无效	无效	无效	无效
优点		便宜、成熟、有后续消毒作用	除色、除臭效果好,无毒	杀菌效果好,无气味,有定型产品	快速、无化学药剂	简单	有长期后续消毒作用
缺点		对某些病毒、芽孢无效,有残毒,产生臭味	比氯贵,无后续作用	设备维修管理要求较高	无后续作用,无大规模应用,对浊度要求高	加热慢,价格贵,能耗大	消毒速度慢,价格贵,受胺及其他污染物干扰
用途		常用方法	应用广泛,与氯结合用于生产高质量水	中水量及小水量工程	实验室及小规模应用较多	适用于家庭消毒	小规模应用

就化学法消毒而言,液氯、二氧化氯、氯胺及臭氧作为氧化消毒剂,其消毒效率顺序为 $O_3 > ClO_2 > Cl_2 > NH_2Cl$,消毒持久性顺序为 $NH_2Cl > ClO_2 > Cl_2 > O_3$,成本费用顺序为 $O_3 > ClO_2 > NH_2Cl > Cl_2$。这些消毒剂在水处理过程中都会产生副产物,因此在选择消毒剂时应该综合考虑。

控制消毒效果的最主要因素是消毒剂的投加量和反应接触时间。对某种废水进行消毒处理时,加入较大剂量的消毒剂无疑会得到更好的消毒效果,但这样也必然造成运行费用增加。因此,需要确定一个适宜的投加量,这样既能满足消毒灭菌的指标要求,又能保证较低的运行费用。在有条件的情况下,可以通过试验的方法来确定消毒剂的投加量。但在大多数情况下,是根据经验数据来确定消毒剂的投加量和反应接触时间。

此外,影响消毒效果的因素还有水温、pH 值、废水水质及消毒剂与水的混合接触方式等。一般说来,在消毒剂投加量相同的情况下,温度越高,消毒效果越好。而废水水质越复杂,消毒效果受影响越大。特别是当水中含有较高浓度的有机物时,这些有机物不仅能消耗消毒剂,而且能在菌体细胞外壁形成保护膜或隐蔽细菌,阻止其与消毒剂接触,因而导致消毒效果大大下降。

二、液氯消毒设备

消毒设备以液氯消毒为例。液氯消毒设备主要有氯瓶和加氯机,投加设施为加氯间。

1. 氯瓶

液氯在钢瓶内贮存和运输。使用时,液氯转变为氯气加入水中,氯瓶内压力一般为 6~8 atm,所以不能在太阳下曝晒或放在高温场所,以免气化时压力过高发生爆炸。卧式氯瓶有两个出氯口,使用时务必使两个出氯口的连线垂直于水平面。上出氯口为气态氯,与加氯机进氯口相连;下出氯口为液态氯。立式氯瓶在投氯量较小时使用,竖放安装,出氯口朝上。

2. 加氯机

加氯机种类繁多。各种加氯机的特性见表 6-15,工作原理基本相同。ZJ 型转子加氯机如图 6-26 所示。

表 6-15　各种加氯机的特性

名称	型号	加氯量/(kg·h⁻¹)	特点
转子加氯机	ZJ-1	5~45	加氯量稳定,控制较准;水源中断时能自动破坏真空,防止压力水倒流入氯瓶等腐蚀部件;价格较高
	ZJ-2	2~10	
转子真空加氯机	LS80-3	1~5	构造及计量简单、体积较小;可自动调节真空度,防止压力水倒流入氯瓶等腐蚀部件;水射器工作压力为 5×10^5 Pa,水压不足时加氯量将减少
	LS80-4	0.3~3	
随动式加氯机	SDX-Ⅰ	0.008~0.5	加氯机可随水泵启、停,自动进行加氯;适用于深井泵房的加氯
	SDX-Ⅱ	0.5~1.5	
真空式加氯机	JSL-73-100	0.1	可用水氯调节阀调节压差,并与氯阀配合进行调整;有手动控制和自动控制两种
	JSL-73-200	0.2	
	JSL-73-300	0.3	
	JSL-73-400	0.4	
	JSL-73-500	0.5	
	JSL-73-600	0.6	
	JSL-73-700	0.7	
	JSL-73-800	0.8	
	JSL-73-900	0.9	
	JSL-73-1000	1.0	
全玻璃加氯机	74-1	<0.42	可调节加氯量;加氯机主件由硬质玻璃制作,具有耐腐蚀、结构简单、价格低廉等特点
	74-2	0.42~1.04	
	74-3	1.05~2.08	
	74-4	2.08~4.16	
	74-5	>4.16	

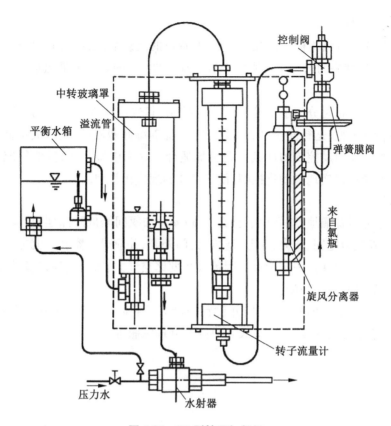

控制阀

中转玻璃罩

平衡水箱

溢流管

弹簧膜阀

来自氯瓶

旋风分离器

转子流量计

压力水

水射器

图 6-26 ZJ 型转子加氯机

ZJ 型转子加氯机工作原理:来自氯瓶的氯气首先进入旋风分离器,再通过弹簧膜和控制阀进入转子流量计和中转玻璃罩,经水射器与压力水混合,溶于水后被输送至加氯点。

(1)加氯机各部分的作用

旋风分离器用于分离氯气中可能存在的悬浮杂质,其底部有旋塞,可定期打开清理;弹簧膜阀保证氯瓶内氯气压力大于 10^5 Pa,如小于此压力,该阀可自动关闭;控制阀和转子流量计用以控制和测定加氯量;中转玻璃罩用以观察加氯机的工作情况,同时起稳定加氯量、防止压力水倒流和当水源中断时破坏罩内真空的作用;水射器从中转玻璃罩内抽吸所需的氯,并使之与水混合并溶于水中,同时使玻璃罩内保持负压状态。

加氯机使用时应先开压力水阀,使水射器开始工作,待中转玻璃罩有气泡翻腾后再开启平衡水箱进水阀,当水箱有少量水从溢水管溢出时开启氯瓶出氯阀,调节加氯量后,加氯机便开始正常运行。停止使用时先关氯瓶出氯阀,待转子流量计转子跌落至零位后关闭加氯机控制阀,然后再关闭平衡水箱进水阀,待中转玻璃罩翻泡并逐渐无色后关闭压力水阀。

(2)加氯机选型注意事项

① 安全性。

在选择加氯机时,首先要考虑的是设备安全可靠。

② 规格的选择。

加氯机有多种规格指标,常用的是每小时释放的液氯量,如 $0\sim2$ kg/h、$0\sim5$ kg/h、$0\sim10$ kg/h。加氯机规格的选用主要取决于消毒所需的每小时释放的液氯量。

③ 实用性。

负压真空加氯机可分为手动控制和自动控制,其选用应根据用户的实际情况而定。手动加氯机操作简便,运行安全可靠,很少维修,保养维修费用低,购置成本低,对中小型企业更为实用。而自动控制的加氯系统更加适合一些大中型企业,其购置成本较高,水体消毒净化系统可以实现自动化控制,便于企业的现代化管理。

3. 加氯间

加氯间应靠近加氯地点,间距不宜大于 30 m。加氯间属危险品建筑,应与其他工作间隔开,房屋建筑应坚固、防火、保温、通风,大门外开,并应设观察孔。北方采暖时,暖气片应与氯瓶和加氯机保持一定距离。因氯气密度比空气大,所以通风设备的排气孔应设在墙的下部,进气孔设在高处。

加氯间内应有必要的检修工具,并设置防爆灯具和防毒面具,所有电力开关均应置于室外,并应有事故处理设施,例如设置事故井处理氯瓶等。

第七章 废水处理设备的控制基础

第一节 设备的控制原理

进入 21 世纪以来,随着科学技术的迅猛发展,新型电气控制单元等工控器件(如可编程控制器、变频器、软启动器及人机界面等)大量涌现,数据通信技术(如现场总线、以太网)高速发展。随着这些新器件、新技术被大量应用在工业控制领域,工业控制模式和控制理念也发生了革命性的改变。特别是基于现场总线技术、以太网技术和由新型的工控器件所组成的自动控制系统近年来在废水处理系统中得到了广泛应用,提高了废水处理过程的控制能力和管理效率,降低了能耗和人力成本,减轻了劳动强度。

一、自动控制系统的组成

自动控制系统是指在人不直接参与的情况下,利用外加的设备或装置(自动控制装置)使整个生产过程(被控对象)自动地按预定规律运行,或使其某个参数(被控量)按预定要求变化。

根据控制对象和使用要求的不同,自动控制系统有不同的组成结构,但从控制功能的角度看,自动控制系统一般由设定装置、比较装置、校正装置、比较放大装置、执行装置、被控对象、测量变速装置等基本环节组成,如图 7-1 所示。

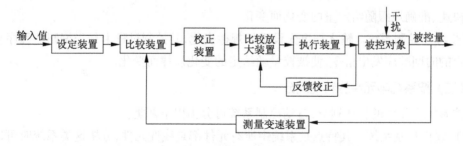

图 7-1 自动控制系统的组成

(一)设定装置

设定装置的功能是设定与被控量相对应的给定量,并要求给定量与测量变速装置输出的信号在种类和量纲上一致。

（二）校正装置

当自动控制系统由于自身结构及参数问题而导致控制结果不符合工艺要求时，就必须在系统中添加一些装置以改善系统的控制性能。这些装置就称为校正装置。

（三）比较放大装置

比较放大装置的功能是首先将给定量与测量值进行计算比较，得到偏差值，然后再将其放大以推动下一级的动作。

（四）执行装置

执行装置的功能是根据前面环节的输出信号，直接对被控对象作用，以改变被控量的值，从而减小或消除偏差。

（五）被控对象

被控对象指控制系统中所要控制的对象，一般指工作机构或生产设备。

（六）测量变速装置

测量变速装置的功能是检测被控量，并将检测值转换为便于处理的信号（如电压、电流等），然后将该信号输入比较装置。

二、自动控制系统的分类

（一）按给定量的特征划分

按给定量的特征划分，自动控制系统可分为以下三类。

① 恒值控制系统。其控制输入量为一恒定值。控制系统的任务是排除各种内外干扰因素的影响，维持被控量恒定不变。废水处理厂中温度、压力、流量、液位等参数的控制及各种调速系统都属此类。

② 随动控制系统（也称伺服系统）。其控制输入量是随机变化的，控制任务是使被控量快速、准确地跟随给定量的变化而变化。

③ 程序控制系统。输入按事先设定的规律变化，其控制过程由预先编制的程序载体按一定的时间顺序发出指令，使被控量随给定的变化规律而变化。

（二）按系统中元件的特征划分

按系统中元件的特征划分，自动控制系统可分为以下两类。

① 线性控制系统。其特点是系统中所有元件都是线性元件，分析这类系统时可以应用叠加原理，系统的状态和性能可用线性微分方程描述。

② 非线性控制系统。其特点是系统中含有一个或多个非线性元件。

（三）按系统电信号随时间变化的形式划分

按系统电信号随时间变化的形式划分，自动控制系统可分为以下两类。

① 连续控制系统。其特点是系统中所有的信号都是连续的时间变化函数。

② 离散控制系统。其特点是系统中各种参数及信号以离散的脉冲序列或数据编码形式传递。

三、自动控制系统的基本控制方式

（一）开环控制系统

开环控制是最简单的一种控制方式,其控制量与被控制量之间只有前向通道而没有反向通道,即控制作用的传递具有单向性。由图 7-2 可以看出,开环控制系统的输出直接受输入控制。开环控制系统的特点是:系统结构和控制过程简单,但抗干扰能力弱,一般仅用于控制精度不高且对控制性能要求较低的场合。

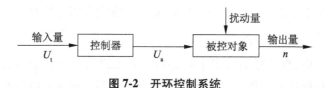

图 7-2　开环控制系统

废水处理厂开环控制的实例如下:

① 空气压缩机的定时开/关:一般用定时器来控制空气压缩机的定时开/关。有时用溶解氧(DO)传感器进行空气压缩机的开/关反馈控制。

② 排泥:尤其指初沉池的排泥,一般使用定时器控制,而不是根据污泥的浓度和污泥斗中污泥的高度进行控制。

③ 剩余污泥排放泵的控制:一般使用定时器控制,稍高级的控制则根据泥龄来控制污泥排放量,也有比例控制。

④ 格栅的清洗:使用定时器进行格栅清洗控制。

（二）闭环控制系统

凡是系统输出信号对控制作用产生直接影响的系统,都称作闭环控制系统,如图 7-3所示。在闭环控制系统中,输入电压 U_f 减去主反馈电压 U_{ef} 得到偏差电压 U_e,经控制器,输出电压 U_a 加在被控对象两端。闭环控制系统的特点是:系统的响应对外部干扰和系统内部的参数变化不敏感,系统可达到较高的控制精度、具有较强的抗干扰能力。

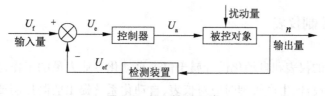

图 7-3　闭环控制系统

四、废水处理自动控制系统的特点和功能

（一）废水处理自动控制系统的特点

废水处理自动控制系统具有环路多、系统庞大、连接复杂的特点。它除了具有一般控制系统所具有的共同特征（如有模拟量和数字量，有顺序控制和实时控制，有开环控制和闭环控制）外，还具有不同于一般控制系统的个性特征（如最终控制对象是 COD、BOD_5、SS、TN 和 pH 值），为使这些参数达标，就必须对众多设备的运行状态，各池的进水量和出水量、进泥量和排泥量，加药量，各段处理时间等进行综合调整与控制。废水处理厂的控制系统涉及数百个开关量、模拟量，而且这些被控量常常要根据一定的时间顺序和逻辑关系来设置，许多参数需要精确调节，所以选择废水处理自动控制系统时要充分考虑到系统的复杂性、控制变量的多样性等，要尽可能实现闭环控制。

（二）废水处理自动控制系统的功能

在废水处理厂中，自动控制系统主要是对废水处理过程进行自动控制和自动调节，使处理后的水质指标达到预期要求。废水处理自动控制系统通常应具有如下功能。

① 控制操作。在中心控制室能对被控设备进行在线实时控制，如启停某一设备、调节某些模拟输出量的大小、在线设置可编程控制器的某些参数等。

② 显示功能。用图形实时显示各现场被控设备的运行工况及各现场的状态参数。

③ 数据管理。利用实时数据库和历史数据库中的数据进行比较和分析，可得出一些有用的经验参数，有利于优化处理过程和参数控制。

④ 报警功能。当某一模拟量（如电流、压力、水位等）测定值超过给定范围或某一开关量（如电机启停、阀门开关）发生变位时，可根据不同的需要发出不同等级的报警。

⑤ 打印功能。可以实现报表和图形打印及各种事件和报警实时打印，打印方式可分为定时打印和事件触发打印。

第二节　废水处理厂的自动控制系统

一、过程控制仪表

废水处理厂的仪表和自动化设计属于仪表自动化专业人员的工作，但废水处理专业人员在进行工艺设计、生产管理时应对仪表、自动化系统提出监测控制要求，如单体设备的监控参数及运行范围、一次元件的安装位置等。具体的设备选型，可参阅有关的仪表自动化专业设计手册。

一般废水工程的检测与控制项目见表7-1。工业废水处理厂的检测与控制项目应根据表中项目结合具体工艺确定。

表 7-1　一般废水工程的检测与控制项目

构筑物	检测项目	控制项目
进水管渠	流量、水质污染指标	阀门
格栅、集水池	水位、pH 值、湿度	格栅除渣机
进水泵房	压力、阀门开启度	水泵、阀门
计量槽、沉砂池	水位、流量、pH 值、温度	阀门、除砂机
预曝气池	风压、温度、送风量、回流污泥量	鼓风机及阀门、曝气机
一次沉淀池	流量、溶解氧、pH 值、温度、泥位	刮砂机、排泥阀门
曝气池、鼓风机房、曝气机	流量、溶解氧、pH 值、温度、回流污泥量、风压、送风量、曝气机转速	间流泵及阀门、鼓风机及阀门、曝气机
二次沉淀池	流量、溶解氧、pH 值、温度、泥位、污泥浓度	刮砂机、排泥阀门
回流泵房	回流污泥量、阀门开启度	回流泵及阀门
污泥加热池	蒸汽压力、温度、泥位、阀门开启度	阀门、污泥泵
消化池	温度、泥位、pH 值、生活污泥投入量	阀门、污泥泵
锅炉房、浓缩池	蒸汽量、温度、蒸汽压力、阀门开启度	鼓风机、阀门、运煤设备
污泥泵房	泥位、污泥浓度、阀门开启度	阀门、污泥泵、搅拌机
加药间	加药量、投配池液位、阀门开启度	加药设备、阀门
反应池	泥位、阀门开启度、pH 值	搅拌机、污泥泵、加药泵阀门
脱水设备	脱水机储液槽液位、气水分离器液位、真空度、阀门开启度、压力、污泥浓度	脱水机、空气压缩机、真空泵、阀门、运输机
焚烧设备	温度、空气量、炉内压力、SO_2 浓度	焚烧炉、鼓风机、运输机
消毒设备	加氯量、自来水用水量、氯瓶压力、温度	加氯设备、阀门
排放管渠	流量、浊度、pH 值、余氯、污泥浓度	阀门

（一）流量计

在排水系统中,流量是重要的过程参数之一。无论是在排水工艺过程中,还是在用水点,流量的检测均可为生产操作、控制及管理提供依据。

在工程上,流量是指单位时间内通过某一截面的物料数量。在排水工程中常用体积流量,即单位时间内通过某一过水断面的水的体积,用立方米每小时（m^3/h）、升每小时（L/h）等单位表示。

工业上测量流量的方法很多,下面主要以流量计的形式进行介绍。

1. 节流流量计

节流流量计是利用节流装置前后的压差与平均流速或流量的关系,根据压差测量值计算流量的。节流流量计的理论依据是流体流动的连续性方程和伯努利方程。节流装置的种类很多,其中使用最多的是同心孔板、流量喷嘴和文丘里管等。节流流量计是使用非常广泛的流量计。

2. 容积流量计

容积流量计的原理是:先使流体充满具有一定体积的空间,然后把这部分流体送到流出口排出,类似于用翻斗测量液体的体积。流量计内部都有构成一定容积的"斗"的空间。这种流量计适用于对体积流量的精密测量。常用的容积流量计有往复活塞式、旋转活塞式、圆板式、刮板式、齿轮式等多种形式。

3. 面积流量计

面积流量计结构简单,广泛地用于工业测量。其工作原理是利用浮子在流体中的位置确定流量。当浮子在上升水流中处于静止状态时,其位置与流量存在对应的数量关系。最常用的面积流量计是圆形截面锥管和旋转浮子组合的形式,即所谓的转子流量计。

4. 叶轮流量计

置于流体中的叶轮是按与流速成正比的角速度旋转的。流速可由叶轮旋转的角速度获得,而流体通过流量计的体积将根据叶轮旋转次数求得。叶轮流量计即利用这一原理而广泛地用作风速仪、水表、涡轮流量计等。叶轮流量计的指示精度高,可达到 0.2%~0.5%。

5. 电磁流量计

当导体横切磁场移动时,在导体中感应出与速度成正比的电压,电磁流量计就是按照电磁感应定律求得流体的流速和流量的。

6. 超声波流量计

超声波流量计的测量原理是多种多样的。实用的方法有传播速度差法、多普勒法等。超声波流量计是目前发展很快、得到广泛应用的流量测量装置。

7. 量热式流量计

流体的流动和热的转移,或者流动着的流体和固体间热的交换,相互之间有着密切的关系。因此,可以通过测量热的传递、热的转移量来求得流量、流速。这类形式的流量计称为量热式流量计,一般用于气体流量的测量。较为常见的是热线风速仪。

8. 毕托管

由流体力学可知,流体中的动压力与流速和流体的密度有关。因此,可以通过压力的测量来确定流量。毕托管就是利用这一原理制成的流量测量装置。

9. 层流流量计

流体流动中黏性阻力会导致压力减小,层流流量计正是利用了这一点,通过获取流体流动中的压力变化来测得流体的流量。层流流量计可以用来测量微小流量和高黏度流体的流量。

10. 动压式流量计

在管路中装有弯管或在流束中安装有平板等时,它们的存在会使流体的流动方向发生变化,流量计可以通过测出流体的动量来测量流量。动压式流量计、弯管流量计、环形流量计等都属于这类流量计。这种流量计构造简单,在管道中不需要安装节流装置等,因此可以对含有微小颗粒的流体流量进行测量。

11. 用堰、槽测量流量

用堰、槽测量流量是测量明渠流量时的典型方法。测量流量用堰的种类有三角堰、矩形堰、全宽堰等;槽的类型有文丘里水槽、巴氏计量槽等。这类流量测量装置的原理在流体力学书籍中都有介绍。

12. 质量流量计

随着温度、压力的变化,流体的密度也会发生变化,在温度、压力变化大的流体中,往往达不到测量体积流量的目的。这样,便希望用质量流量计来测质量流量。质量流量计有很多种类,大致可分为两大类:一类是直接检测与质量流量成比例的量,这是直接型质量流量计;另一类是用体积流量计和密度计组合的仪器来测量质量流量,这是间接型质量流量计。

13. 流体振动流量计

在所谓流体力学振动现象的振动中,振动频率与流速或流量有对应关系,可以利用这种原理来测量流量。涡轮流量计、涡流进动流量计、射流流量计等都属于这种类型的流量计。这种流量计是新发展的流量计,其应用范围正在迅速扩大。

14. 激光多普勒流量计

激光多普勒流量计利用激光的多普勒效应测量流量。这种流量计具有非接触性测量、响应快、分辨率高、测量范围宽等优点,但也有光学系统调整复杂、实用性差、价格高等缺点。受上述缺点所限,目前较少应用于流量测量,大多是作为流速计使用。

15. 标记法测流量

用适当的方法在运动的流体中做个标记,通过测此标记的移动速度来测量流量的方法称为标记法。属于标记法的测量流量方法有示踪法(如盐水速度法、加热冷却法、放射性同位素法、染料法等)、核磁共振法、混合稀释法等。这些方法用于在一些特殊情况下测量流量。

在给水排水生产过程中,常用的几种典型流量计的性能见表7-2。

表 7-2 几种典型流量计的性能比较

项目	类型					
	椭圆齿轮流量计	涡轮流量计	转子流量计	差压流量计	电磁流量计	超声波流量计
测量原理	测出输出轴转数	由被测流体推动叶轮旋转	定压降环形面积可变原理	伯努利方程	法拉第电磁感应定律	超声波传播速度、多普勒效应等

项目	类型					
	椭圆齿轮流量计	涡轮流量计	转子流量计	差压流量计	电磁流量计	超声波流量计
被测介质	气体、液体	液体、气体	液体、气体	液体、气体	导电性液体	液体、气体
测量精度/%	±(0.2~0.5)	±(0.5~1.0)	±(1~2)	±2	±(0.5~1.5)	±(0.5~2.0)
安装直管段要求	不需要	需要	不需要	需要直管段	上游需要，下游不需要	需要
压头损失	有	有	有	较大	几乎没有	没有
口径系列/mm	10~300	2~500	2~150	50~1000	2~240	6~7600

（二）液位仪表

目前使用的液位仪表很多,有浮子式(浮子随液面位移)、电容式(电容量随液位改变)、吹气式(将一根直径为6~7 mm的管子插入水中,通入30~50 L/h的空气,管内压力等于管端的水静压)、压阻式(用力敏器件传感水压变化)和压力(压差)式等。部分介质对液位仪表有特殊要求,如要求耐腐蚀、耐高温,不受颗粒杂质影响和不被污泥附着而影响测量精度等,应根据具体情况选用合适的液位仪表。常用液位仪表见表7-3。

表7-3 常用液位仪表

名称	参考型号	测量范围	特点
浮球液位计	UQZ-51	0~2.5 m,0~5 m,输出信号0~1 kΩ	结构简单,安装方便,但机械部分易失灵,适用于开口容器的各种液面;要求介质比较清洁,最好用于二沉池、清水池水位测量
	UQZ-51A	0~2.5 m,0~5 m,0~10 m	
	UQZ-1-001~00015	0.5,1.0,1.5,2.0,2.5 m	
玻璃管液位计	UG-1	≤1.6 MPa	直接指示压力容器内的液位,用于连续测量清水池和水塔的水位,可输出0~10 mA的信号,精度1.0级或2.5级
球式磁翻转液位计	UFC型	≤2.45 MPa	
磁浮筒液位计	UTB-32~34 UTB-44	0.5~4 m,0~10 m	连续测量,能输出四位报警信号,供远距离测量、调节、控制、报警
浮筒式遥测液位计	UTZ-10与UTZX-10配套使用	0~10 m、20 m、30 m	用于开口容器内的液位测量
浮标式水位计	UTS与XS-1配套使用	0~10 m、20 m、30 m	用于开口容器内的液位测量
电容式液位变送器	UYB-12A UYB-13A UYB-13C UYB-13B	0~1,2,3,4,…,10 m,输出信号4~20 mA	结构简单,精度高,无可动部件,连续测量导电液体、开口容器液位

名称	参考型号	测量范围	特点
电容式液位计	UTZ-50 系列	0.5~30 m,输出信号 4~20 mA	用于开口容器内的液位测量,在全量程内任意设定上下限报警
吹气装置	CQ-1~2 FCQ-1~3	气源压力 0.2~0.5 MPa,供气压 0.2~1 MPa,流量调节范围 0~20 L/h	适用于有腐蚀性、黏性介质液位、开口容器液位,结构简单,要求有气源
超声波液位变送器	USB-11	测量范围 0~1,1.5,2,2.5,3,4,5 m,输出信号 4~20 mA	
超声波物位计	DLM12 DLM24 DLM50	量程 0~3,6,7.3 m,四位 LED 数字显示 4~20 mA	适用于各种液位、各种场合、各种介质,由换能器和控制器组成,非接触性连续测量
压力与压差变送器	DBC~3410	0~100 kPa	可用于各种场合。用于易爆场所时,注意选用具有相应防爆等级的设备
压阻式深度计	URS-01~02	0~5,10,15,20,25,40,60,100 m,输出信号 4~20 mA	结构简单,适用于各种水处理工程场合
投入式液位计	FX~870 系列	0~100 m,输出信号 4~20 mA	结构简单,体积小,检修方便,适用于开口容器
	NT870 型	0~100 m,输入信号 0~10 mA	由变送器和中继箱组成

(三) 压力仪表

常用压力仪表大致分为三种类型:① 用已知压力去平衡未知压力的方法测量压力的仪表,如液注式和活塞式压力计;② 用弹性元件的弹力与被测介质作用力相平衡的方法测量压力的仪表,如弹簧管压力表;③ 通过机械和电气元件把压力信号转换成电量的方法测量压力的仪表,如电容式、电感式、电阻式压力表。这三类常用压力仪表见表7-4。

表7-4　常用压力仪表

名称	测量范围/MPa	特点	应用场所
Y 型弹簧管压力表 Z 型弹簧管压力表	0~25 -0.1~0	1.5 级或 2.5 级	应用广泛
YPX 型膜片压力表	0~2.5	2.5 级	腐蚀性介质的压力或负压测量、调节和发出警报
YTZ 型电阻远传压力表 YTT 型差动变压器传压力表	0~60 0.1~2.4	1.5 级,电源<6 V 1.5 级,电源 220 V	
YX 型电接点压力表	0~6	能配用继电器级接触器控制电路或同时发出上下限级警报	需要进行位式调节控制场合或报警场合

续表

名称	测量范围/MPa	特点	应用场所
压差压力变送器	0~25	将压力信号转换为 4~20 mA 标准信号,0.5 级或 1 级,电源 220 V	可用于废水处理工程场合,选择时根据环境区分一般型、安全火花防爆型或介质防腐型
电容式变送器	0~25	将压力信号转换为 4~20 mA 标准信号	
电容式压力变送器	0~10	0.25 级或 0.35 级,输出信号 4~20 mA	

(四)温度仪表

在废水处理厂中,由于测温范围不大,因此一般采用接触式测温仪表,以热电阻为检测元件。常用的温度仪表见表 7-5。

表 7-5　常用温度仪表

参考型号	测量范围	特点
WTQ 压力式温度计	0~200 ℃,工作压力 1.6 MPa 或 6.4 MPa	1.5 级或 2.5 级。结构简单,防震、防爆,价廉,但精度较低
WTZ 压力式温度计	−20~120 ℃,工作压力 1.6 MPa 或 6.4 MPa	
WSSX、WSS-D 型电接点双金属温度计	−40~400 ℃,工作压力 4 MPa 或 6.4 MPa	1.5 级或 2.5 级,电源 36,220,380 V。结构简单,不能远传,常用于机械设备测温
WZG、WZC 型铜热电阻	−50~100 ℃,工作压力为常压	与 DBW 型温度变送器配套使用,输出 0~10 mA 或 4~20 mA 直流信号,直接输入显示仪表、调节器和某些计算机系统。精度高,稳定性好

(五)溶解氧检测仪

常用的溶解氧检测仪传感器内有两个电极。以氯化钾作电解质,用一层特制的塑料薄膜将电解质与被测液体分开,但该薄膜允许溶解氧渗透。这样,当加一固定极化电压时,水中溶解氧在阴极上还原产生电流,该电流与溶解氧浓度成正比。将这一微弱电流经过放大、转换为 DC 1~5 V 或 4~20 mA 的信号输出,供检测控制使用。常用溶解氧检测仪见表 7-6。

表 7-6　常用溶解氧检测仪

名称	参考型号	技术数据
溶解氧分析仪	DJ-101	测量范围 0~20 mg/L,0~200 mg/L,输出信号 0~10 mA
	SJG-203,9940	测量范围 0~10 mg/L,精度±5%

名称	参考型号	技术数据
低浓度溶解氧检测仪	9430	测量范围 0~20 mg/L,0~50 mg/L,0~250 mg/L,输出信号 4~20 mA
溶解氧检测仪	9440	测量范围 0~3 mg/L,0~10 mg/L,0~30 mg/L,0~100 mg/L,0~200 mg/L
(德)溶解氧检测仪	MyccmCOM151	测量范围 0~20 mg/L,三电极型,精度 1%,输出信号 4~20 mA
(瑞士)溶解氧检测仪	DO-94	测量范围 0~25 mg/L,无膜电极,输出信号 4~20 mA

(六) pH 计

pH 计的测量原理是将两个电极(一个检测电极,一个参比电极)插入被测液体中,两个电极间的电动势与被测溶液的 pH 值成正比。通过变送器的半导体电路将电动势信号转换为 DC 1~5 V 或 4~20 mA 的信号输出。

在水处理工程中使用 pH 计时,应考虑电极的冲洗等维护方面的问题。目前生产的 pH 计具有清水、药液或超声波清洗装置,能保证 pH 计长期使用。常用 pH 计见表 7-7。

表 7-7 常用 pH 计

名称	参考型号	技术数据	特点
工业酸度发送器	pHG-21B	pH 测量范围为 6~14	
沉入式发送器	pHGH-12	pH 测量范围为 0~7,7~12	沉入安装
沉入清洗式发送器	pHGF-13		沉入安装有关清洗装置
压力流通发送器	pHGH-22		管道流通
流通清洗发送器	pHGH-23		管道流通有清洗
工业酸度计	pHG-61(pHG-A)传感器	pH 测量范围为 2~10	沉入安装
锑电极酸度计	YB-HX-2		有刮板清洗装置
工业酸度计	DW-101		

(七) ORP 计

ORP 计也称氧化还原电位(oxidation reduction potential,ORP)在线分析仪,是一种广泛用于工业和实验的仪表;ORP 作为介质(包括土壤、天然水、培养基等)环境条件的一个综合性指标,已应用很久,它表征介质氧化性或还原性的相对程度。ORP 的单位是 mV。ORP 是水质的一个重要指标,它虽然不能独立反映水质的好坏,但是能够结合其他水质指标来反映水生态环境中水质的情况。

ORP 计的性能特点如下:

① 中文显示、中文菜单、中文记事:操作步骤全程中文提示,不用说明书即可方便完成。

② 多参数同屏显示:在同一屏幕上显示 ORP 值、输入 mV 数(或输出电流)、温度、时

间和状态等。

③ 历史曲线：每隔 5 min 自动存储一次测量数据，可连续存储一个月的 ORP 值。

④ 记事本功能：记事本记录仪表的操作使用情况和报警发生时间，便于管理。

⑤ 监测电极功能：每次标定的方式、时间和结果均有记录，便于查询、分析电极变化规律。

⑥ 数字时钟功能：提供各种功能的时间基准。

⑦ 25 ℃折算：对纯水和加氨超纯水进行了 25 ℃基准温度折算，可显示 25 ℃时的 pH 值，特别适合对电厂多种水质的测量。

⑧ 仪表稳定不死机："看门狗"程序确保仪表连续工作不死机。

二、控制系统硬件

计算机控制是以自动控制理论和计算机技术为基础的控制技术。在废水处理过程中引入计算机控制技术能够提高处理效率，减轻操作人员的工作负担，获得最佳运行方式，节约能源。

（一）计算机控制系统的基本组成

计算机控制系统组成框图见图 7-4。

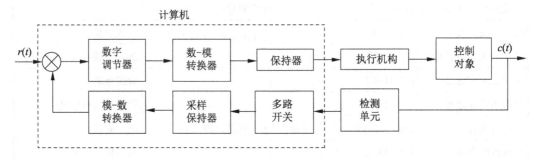

图 7-4　计算机控制系统组成框图

① 控制对象：指所要控制的装置和设备。

② 检测单元：将被检测参数的非电量转换成电量。

③ 执行机构：其功能是根据工艺设备要求由计算机输出的控制信号来改变被调参数。常用的执行机构有电动、液动和气动等控制形式，也有的采用马达、步进电机及可控硅元件等进行控制。

④ 数字调节器与输入、输出通道（即计算机部分）：数字调节器以数字计算机为核心，它的控制律是由编制的计算机程序来实现的。输入通道包括多路开关、采样保持器、模—数转换器；输出通道包括数—模转换器及保持器。多路开关和采样保持器用来对模拟信号采样，并保持一段时间。模—数转换器把离散的模拟信号转换成时间和幅值上均为离散的数字量。数—模转换器把数字量转换成离散模拟量。

⑤ 外部设备:是实现计算机和外界进行信息交换的设备,简称外设,包括人机联系设备(操作台)、输入输出设备(磁盘驱动器、键盘、打印机、显示终端等)和外存储器(磁盘)。

(二)计算机控制系统的分类

1. 操作指导控制系统

在操作指导控制系统中,计算机的输出不直接作用于生产对象,属于开环控制结构。计算机根据数学模型、控制算法对检测到的生产过程参数进行处理,计算出最优的控制量,供操作员参考,这时计算机就起到了操作指导的作用。

该系统的优点是结构简单、控制灵活和安全可靠;缺点是人工进行操作,操作速度受到限制,并且不能同时控制多个回路。

2. 直接数字控制系统(DDC 系统)

直接数字控制(direct digital control,DDC)系统是通过检测元件对一个或多个被控参数进行巡回检测,检测结果经输入通道送给计算机,计算机将检测结果与设定值进行比较,再进行控制运算,然后通过输出通道控制执行机构,使系统的被控参数达到预定的要求。

DDC 系统的优点是灵活性高、计算能力强,只要改变程序就可以实现改变控制方法,无须对硬件线路做任何改动;可以有效地实现较复杂的控制,改善控制质量,提高经济效益。当控制回路较多时,采用 DDC 系统比采用常规控制器控制系统要经济,因为一台微机可代替多个模拟调节器。

3. 计算机监督控制系统(SCC 系统)

计算机监督控制(supervisory computer control,SCC)系统比 DDC 系统更接近生产变化的实际情况。因为在 DDC 系统中计算机只是代替模拟调节器进行控制,系统不能运行在最佳状态。而 SCC 系统不仅可以进行给定值控制,还可以进行顺序控制、最优控制及自适应控制等。它是操作指导控制系统和 DDC 系统的综合与发展。就结构来讲,SCC 系统有两种形式:一种是 SCC+模拟调节器控制系统;另一种是 SCC+DDC 控制系统。

4. 分布式控制系统(DCS)

分布式控制系统(distributed control system,DCS)是采用积木式结构,以一台主计算机和两台或多台从计算机为基础的一种结构体系,所以也叫主从结构或树形结构。DCS 绝大部分时间都是并行工作的,必要时才与主机通信。该系统代替了原来的中小型计算机集中控制系统。

(三)PLC 控制技术

1. 可编程控制器的特点和功能

可编程控制器(programmable logical controller,PLC)是面向用户的专门为在工业环境下应用而开发的一种数字电子装置,可以完成各种各样的复杂程度不同的工业控制功能。它采用可以编制程序的存储器,在其内部存储执行逻辑运算、顺序运算、计时、计数和算术运算等操作指令,可以从工业现场接收开关量和模拟量信号,按照控制功能进行逻辑及算术运算,并通过数字量或模拟量的输入和输出来控制各种类型的生产过程。

（1）可编程控制器的特点

① 可靠性高、抗干扰能力强：为保证 PLC 能在恶劣的工业环境下可靠工作，在设计和生产过程中采取了一系列提高可靠性的措施。

② PLC 集电控（逻辑控制）、电仪（过程控制）、计算机于一体，可以灵活方便地组合成各种不同规模和要求的控制系统，以适应各种工业控制的需要。

③ 易于操作、编程方便、维修方便：可编程控制器的梯形图语言更易被电气技术人员理解和掌握。具有自诊断功能，当系统发生故障时，通过软件或硬件的自诊断，维修人员可以很快找到故障所在的部位，为迅速排除故障和修复节省了时间。

④ 体积小、重量轻、功耗低：PLC 是专为工业控制而设计的，其结构紧密、坚固、体积小，易装入机械设备内部，是实现机电一体化的理想控制设备。

（2）可编程控制器的功能

① 开关逻辑和顺序控制：可编程控制器最广泛的应用就是在开关逻辑和顺序控制领域，主要功能是进行开关逻辑运算和顺序逻辑控制。

② 模拟控制：在过程控制点数不多、开关量控制较多时，PLC 可作为模拟量控制的控制装置。采用模拟输入输出模块可实现 PID 反馈或其他控制运算。

③ 信号联锁：信号联锁是安全生产的保证，高可靠性的可编程控制器在信号联锁系统中发挥着重要的作用。

④ 通信：可编程控制器可以作为下位机，与上位机或同级的可编程控制器进行通信，完成数据的处理和信息的交换，实现对整个生产过程的信息控制和管理。

2. 可编程控制器的结构

可编程控制器是以微处理器为核心的高度模块化的机电一体化装置，主要由中央处理器、存储器、输入和输出接口电路及电源四个部分组成。图 7-5 为 PLC 控制系统典型结构图。

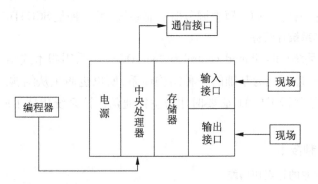

图 7-5　PLC 控制系统典型结构图

（1）中央处理器

中央处理器（CPU）是可编程控制器控制系统的核心部件。CPU 一般由运算器、控制电路和寄存器组成。这些电路都集成在一个电路芯片上，并通过地址总线、数据总线和控制总线与存储器、输入输出接口电路及电源相连接。

（2）存储器

存储器用来存放系统程序和应用程序。系统程序是指控制 PLC 完成各种功能的程序。这些程序由 PLC 生产厂家编写并固化在 PLC 的只读存储器中。应用程序是指用户根据工业现场的生产过程和工艺要求编写的控制程序，并由用户通过编程器输入 PLC 的随机存储器中，允许修改，由用户启动运行。

（3）输入和输出

输入是把工业现场传感器传入的外部开关量信号如按钮、行程开关和继电器触点的通/断或模拟量信号（4~20 mA 电流或 0~10 V 电压）转变为 CPU 能处理的电信号，并送到主机进行处理。输出是把控制器运算处理的结果发送给外部元器件。输入和输出电路一般由光电隔离电路和接口电路组成。光电隔离电路增强了 PLC 的抗干扰能力。

（4）电源

PLC 的电源大致可分为三部分：处理器电源、I/O 模块电源和 RAM 后备电源。通常，构成基本控制单元的处理器与少量的 I/O 模块可由同一个处理器电源供电，扩展的 I/O 模块必须使用独立的 I/O 电源。

可编程控制器的工作方式是周期扫描方式。在系统程序的监控下，PLC 周而复始地按固定顺序对系统内部的各种任务进行查询、判断和执行，这个过程实质上是一个不断循环的顺序扫描过程。

第八章　一体化污水处理设备

对于相对独立的新建住宅小区、活动住房集中地、高速公路服务区、公园、宾馆、医院、学校、工厂和矿山等,配置小型一体化污水处理设备既经济合理,又便于管理。

第一节　一体化污水处理设备概述

污水处理系统从大规模集中式向中小规模分散式转变,形成"以大型为主,中小型互补"的布局,不仅可以大大减少占地面积,还可以避免巨大的管网建设投资,符合我国城镇化发展需求,从而为一体化污水处理设备的应用和发展提供契机。目前,在我国、日本、欧美等国家和地区,一体化污水处理设备已广泛应用于生活污水及医院、食品加工等产生的污水处理领域,成为近年来污水处理设备研发和应用的热点。

国内外采用的污水处理工艺很多,主要分为活性污泥法和生物膜法两种,常见的普通曝气法、氧化沟法、A/B 法、A²/O 法属于前者,生物转盘、接触氧化法属于后者。一体化污水处理设备是将一沉池、Ⅰ级和Ⅱ级接触氧化池、二沉池、污泥池集为一体的设备,并在Ⅰ级和Ⅱ级接触氧化池中进行鼓风曝气,使接触氧化法和活性污泥法有效地结合起来,同时具备两者的优点,并克服两者的缺点,使污水处理水平进一步提高。

一、一体化污水处理设备的优点

① 抗冲击负荷的能力强,接触氧化法的平均停留时间在 6 h 以上。

② 具有脱氮除磷能力,并可以通过调节设备的构造,达到处理工业废水、生活污水、城市污水的能力。

③ 接触氧化池内的填料多为组合软填料,质轻、强度高、物理化学性质稳定,比表面积大,生物膜附着能力强,污水与生物膜的接触效率高。

④ 接触氧化池内采用曝气器进行鼓风曝气,使纤维束不断飘动,曝气均匀,微生物生长成熟,具有活性污泥法的特征。

⑤ 出水水质稳定,污泥产量少并易于处理。

⑥ 潜水泵可设于设备中,减少工程投资。

⑦ 设备可设于地面上,也可埋于地下。埋于地下时,上部覆土可用于绿化,厂区占地面积少,地面构筑物少。

⑧ 易于完成自动控制,管理操作简单。

⑨ 设备可以连接在汽车上做成移动式一体化污水设备。

二、一体化污水处理设备的缺点

① 不利于维修,设备出现故障后,不方便检修与更换。

② 北方需要埋入地下较深,并做保温处理。

③ 由于设备的局限性,该设备只能用在污水量比较小的项目中。

三、一体化污水处理设备的适用范围

一体化污水处理设备适用于住宅小区、村庄、乡镇、办公楼、商场、宾馆、饭店、疗养院、学校、部队、医院、高速公路服务区、工厂、矿山、旅游景区等的生活污水和与之类似的屠宰厂、水产品加工厂、食品厂等中小型规模工业有机废水的处理和回用。经该设备处理的污水,水质可达到国家相关污水处理综合排放标准。

第二节　典型一体化污水处理设备

一体化污水处理设备定型产品较多,可依据进水水质及水量,选择合适的处理工艺流程,结合有关技术参数进行选型。本节介绍一些典型的一体化污水处理工艺及设备供参考。

一、生物接触氧化法一体化生活污水处理设备

(一) WSZ 型生活污水处理设备

WSZ 型生活污水处理设备适用于宾馆、饭店、疗养院、学校、商场、住宅小区、乡镇、船泊码头、车站、机场、工厂、矿山、旅游景区等的生活污水处理或与生活污水类似的各种工业有机废水处理。

该设备的特点如下:

① 设备可全埋、半埋或置于地面上,可不按标准形式排列或根据地形需要设置。

② 设备埋地设置基本不占地表面积,无须盖房及采暖保温设施,上部可做绿化地、停车场、道路等。

③ 微孔曝气使用膜式管道充氧器,不堵塞、充氧效率高,曝气效果好,节能省电。

④ 采用一体化设计,占地少,投资少,运行费用低,配备全自动控制系统。

⑤ 工艺新,效果佳,污泥少。

⑥ 维护方便,噪声小,使用寿命长,可连续运行 10 年以上。

(二) WSZI 型地埋式生活污水处理设备

生活污水属于低浓度有机污水,可生化性好且各种营养元素比较全,在一体化污水处理设备中以好氧生物处理法为主要处理单元。WSZI 型地埋式生活污水处理设备工艺流程如图 8-1 所示。

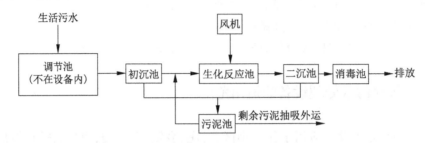

图 8-1　WSZI 型地埋式生活污水处理设备工艺流程

该工艺流程适合分流制排水系统,为了缩小设备本体体积,调节池一般不包含在一体化污水处理设备中。调节池起调节水量的作用,其有效停留时间一般为 4~8 h。初沉池为竖流式沉淀池,污水上升流速控制在 0.2~0.3 mm/s,沉淀下来的污泥定期输送至污泥池,对于处理量很小的设备(小于 5 m³/h),一般不设初沉池。生化反应池常用三级接触氧化池,总停留时间为 2.3~3.0 h,采用无堵塞型、易结膜、高比表面积(160 m²/m²)的填料,目前常用梯形、多面空心球等填料。二沉池也为竖流式结构,水流上升流速为 0.1~0.15 mm/s,沉淀下来的污泥输送至污泥池;污泥池用来消化初沉池和二沉池的污泥,其中的上清液输送至生化反应池进行再处理。污泥池消化后的剩余污泥很少,一般 1~2 年清理一次,清理时可用吸粪车从检查孔伸入污泥池底部进行抽吸。由二沉池排出的上清液经消毒池消毒后排放,按规范消毒池接触时间为 30 min,若是处理医院污水,则消毒池接触时间应增加至 1~1.5 h。

该工艺适合于进水 $BOD_5 \leqslant 200$ mg/L,能保证出水 $BOD_5 \leqslant 20$ mg/L。整个系统运行稳定,管理方便,根据本工艺制造的一体化污水处理设备已成系列化,设计处理量为 0.5~30 m³/h,可广泛应用于生活小区的污水处理。WSZI 型地埋式生活污水处理设备的主要技术参数见表 8-1。

表 8-1　WSZI 型地埋式生活污水处理设备的主要技术参数

项目	WSZI-0.5	WSZI-1	WSZI-3	WSZI-5	WSZI-10	WSZI-20	WSZI-30
标准处理量/(m³·h⁻¹)	0.5	1	3	5	10	20	30
进水 BOD_5/(mg·L⁻¹)	200	200	200	200	200	200	200
出水 BOD_5/(mg·L⁻¹)	20	20	20	20	20	20	20
风机功率/kW	0.75	0.751	1.5	1.5	2.2	4	7.5
水泵功率/kW	1.1	1.1	1.1	1.1	1.1	2.2	2.2

项目	WSZI-0.5	WSZI-1	WSZI-3	WSZI-5	WSZI-10	WSZI-20	WSZI-30
设备件数/件	1	1	1	1	3	3	3
设备重量/t	3	5	6.5	10	27	35	43
平面面积/m²	4.6	6	11	15	44	79	89

注:① 设备重量为用 A3 钢板制造时的重量,不包括水重,用不锈钢制造时重量减半。

　② 进水 BOD_5 均按平均值计算。

在选型时,若进、出水水质与水量和设计参数不一致,则还需查设备处理量与进、出水水质的关系。表 8-2 列出了 WSZI 型地埋式生活污水处理设备处理量与进出水 BOD_5 的关系。

表 8-2　WSZI 型地埋式生活污水处理设备处理量与进出水 BOD_5 的关系

进水 $BOD_5/(mg \cdot L^{-1})$		200	300	400	200	300	400	500	300	400	500
出水 $BOD_5/(mg \cdot L^{-1})$		20	20	20	30	30	30	30	60	60	60
处理量/ $(m^3 \cdot h^{-1})$	WSZI-0.5	0.5	0.4	0.33	0.5	0.4	0.38	0.3	0.5	0.43	0.38
	WSZI-1	1	0.8	0.65	1	0.9	0.75	0.6	1	0.85	0.75
	WSZI-3	3	2.4	1.95	3	2.7	2.25	1.8	3	2.55	2.25
	WSZI-5	5	4	3.25	5	4.5	3.75	3	5	4.25	3.75
	WSZI-10	10	8	6.5	10	9	7.5	6	10	8.5	7.5
	WSZI-20	20	16	13	20	18	15	12	20	17	15
	WSZI-30	30	24	19.5	30	27	22.5	18	30	25.5	22.5

（三）具有节能效应的一体化生活污水处理设备

在南方地区,由于污水温度不太低,在处理 BOD_5 为 1000 mg/L 左右的生活污水或工业有机废水时,可选用具有节能效应的一体化生活污水处理设备,其工艺流程如图 8-2 所示。

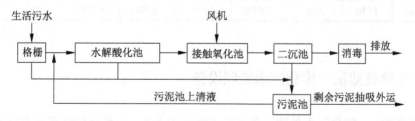

图 8-2　具有节能效应的一体化生活污水处理设备工艺流程

在图 8-2 所示的工艺流程中,采用好氧生物处理虽然能比较有效地去除污水中的有机物,但是采用三级接触氧化法能耗较高。为了达到节能的目的,人们已开始将厌氧技术应用于处理低浓度有机污水。完全厌氧技术水力停留时间长,主要用于处理高浓度有机污水,在处理低浓度的生活污水时,采用部分厌氧技术,即水解酸化工艺。该工艺在水解反应器中设置填料,污水在反应器中进行一系列物理化学和生物反应过程,其中的悬浮固体和胶体物质被反应器的污泥层和附着在填料上的微生物截留、吸附后,在水解酸化菌作用下成为溶解性物质。由于采用了水解酸化处理单元,在接触氧化过程中只需要一级接触氧化就能保证污水达标排放,因而能有效地节省能源。

(四) SWD 型无动力一体化生活污水处理设备

对于人数特别少的小区的生活污水处理,如别墅、小社区等,可选用以厌氧和过滤为主要处理单元的无动力小型生活污水处理设备,如 SWD 型无动力一体化生活污水处理设备。SWD 型无动力一体化生活污水处理设备工艺流程如图 8-3 所示。

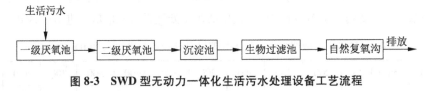

图 8-3 SWD 型无动力一体化生活污水处理设备工艺流程

在图 8-3 所示的工艺流程中,污水在一级厌氧池的停留时间为 24~48 h,污水中的有机污染物转变成一种半胶状的物质,同时放出热能,在一定程度上使水温升高;在二级厌氧池内,由于厌氧菌的作用,污水中大量的有机污染物在短时间内(一般为 24 h)被分解成无机物;从二级厌氧池出来的污水经过沉淀后进入生物过滤池,生物过滤池中也聚集了大量的厌氧菌,对残留于水中的有机污染物进行高效分解,比较清洁的水经过过滤栅向外排放;从设备中排放出来的水经过内置碎石的自然复氧沟,扩大和空气的接触面积,可以进一步净化水质,同时也增加水中的溶解氧。SWD 型无动力一体化生活污水处理设备的主要参数见表 8-3。

表 8-3 SWD 型无动力一体化生活污水处理设备的主要参数

型号	SWD-6	SWD-10	SWD-20	SWD-30	SWD-40	SWD-50	SWD-75	SWD-100
服务人数/人	6	10	20	30	40	50	75	100
直径/mm	1200	1200	1500	1800	1800	2000	2500	2500
深度/mm	1740	2000	1850	1950	2250	2250	2050	2550

二、生物过滤法一体化污水处理设备

生物过滤法一体化污水处理设备工艺流程见图 8-4。污水经粗格栅和细格栅分离污物后流入流量调节池。细格栅分离的污物经导臂自动进入污泥浓缩池,避免堵塞后续处理设备。流量调节池对污水的峰值流量进行调整,以减缓峰值流量对生物处理的冲击。流量分配池使进入生物过滤塔的流量基本恒定,确保生物处理的稳定性,处理水经消毒后排放。生物过滤塔采用处理水池中的水进行反冲洗,反冲洗排水进入污泥浓缩池,上清液返回流量调节池,污泥浓缩池中污泥定期排出。

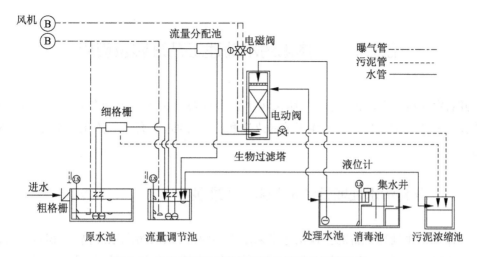

图 8-4　生物过滤法一体化污水处理设备工艺流程

三、SBR 一体化污水处理设备

SBR 一体化污水处理设备工艺流程及设备示意图分别如图 8-5、图 8-6 所示。污水经粗格栅和沉砂池除去粗颗粒物后进入流量调节池，以适应水质、水量变化带来的冲击负荷。污水再依次经细格栅和计量槽计量后进入 SBR 反应池，通过曝气、沉淀、滗水等过程达到去除有机污染物的目的。SBR 反应池出水经消毒后排放或回用。

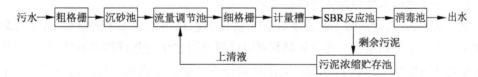

图 8-5　SBR 一体化污水处理设备工艺流程

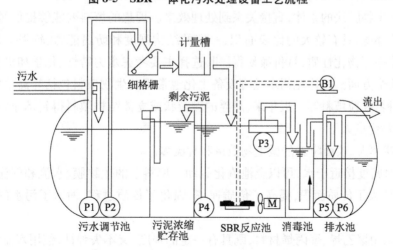

图 8-6　SBR 一体化污水处理设备示意图

第三节 一体化污水处理工艺进展及应用

随着污水处理要求的提高,一体化污水处理设备技术不断革新和发展。总体来说,对该技术的研究主要集中在主体工艺的改进和优化方面,以突显一体化污水处理设备的优势。

一、一体化污水处理设备的主体工艺进展

一体化污水处理设备的主体工艺多采用生物膜法,该法污泥浓度高,容积负荷大,耐冲击能力强,处理效率高。其中,最常用的是接触氧化法,该法能耗低、投资少,相比活性污泥法有一定的优势。但近年来,生物流化床成为研究热点。相比接触氧化法,生物流化床污泥浓度更高,耐冲击能力更强,剩余污泥率更低,且无堵塞、混合均匀,具有较好的脱氮效果,配置形式也比接触氧化法更灵活,越来越受到水处理界的重视。生物流化床技术是使污水通过处于流化状态并附着生物膜的颗粒床,使污水中的基质在床内同均匀分散的生物膜接触而得到降解去除。随着研究的进展,三相生物流化床、生物半流化床、气提式生物流化床等新的型式不断涌现,流化床的水流状态、污泥浓度、充氧特性及脱氮效果等得到较大的改进,其处理效率也更高。此外,以 SBR、MBR 及 DAT-IAT 等作为主体工艺的一体化污水处理设备也已有报道。

近年来,高效絮凝剂的不断发展促进了物化工艺在污水处理中的应用,污水处理趋于物化与生化工艺相结合。化学絮凝剂可以强烈吸附水中的悬浮物和胶体,并进一步缩短生化处理时间($0.5 \sim 2 h$),从而更大限度地减少设备占地面积。目前已出现完全采用物化工艺的处理设备和物化、生化工艺相结合的一体化污水处理设备。

填料是生物膜法的主体,直接关系到处理效果。理想的填料要能够提供微生物生长所需的最佳环境,具有较大的比表面积、一定的结构强度和防腐能力、较强的持水能力、较大的孔隙率等物化性质,且价廉易得。其选择主要考虑水力特性、化学和机械稳定性、经济性等几个方面。一体化污水处理设备生化池常用的生物填料包括蜂窝填料、束网填料、波纹填料、颗粒填料等。近年来,悬浮的颗粒状或立体结构填料得到迅速发展和广泛应用,其主要优点如下。

① 孔隙率大,表面附着的微生物数量和种类多。

② 相对密度接近于水,可以全池流化翻动。填料上的生物膜、水流和气流三相充分接触混合,增大了传质面积,提高了传质速率,强化了传质过程,缩短了污水的生化停留时间。

③ 多采用聚乙烯、聚丙烯材料,既具有一定的强度,又不失弹性,使用寿命大大延长,且无浸出毒性。

二、一体化污水处理设备的应用

一体化污水处理设备主要用来处理小水量生活污水及低浓度的工业有机废水,由于该类产品采用机电一体化全封闭结构,无须专人管理,因而得到广泛的应用。但是,产品在运用过程中应从安装、运行、维护等方面合理使用才能达到设计的处理效果。

(一) 设备安装

一体化污水处理设备一般提供三种安装方式:地埋式、地上式和半地埋式。在选择安装方式时,应结合当地的气候及周围的环境。对于年平均气温在 10 ℃ 以下的地区,用生物膜法处理污水的效果较差,因此应将污水处理设备安装在冻土层以下,以利用地热的保温作用,提高处理效果。在其他地区,设备安装方式主要根据周围的环境来选择,从安装、维护的角度出发应选择地上式或半地埋式,从节省土地角度出发应选择地埋式,对周围环境影响不太大时应首选地上式,因为地埋式存在如下问题:

① 设备安装、维修、维护保养不方便;

② 设备可能因为地下水的浮力作用而损坏;

③ 在地下的电气系统因长期处于潮湿环境而影响其使用寿命,电气安全性也将受到影响。

在设备安装过程中,还应注意以下事项:

① 设备的混凝土基础的大小规格应与设备的平面安装图相同,基础的平均承压必须达到产品说明书的要求,基础必须水平,如设备采用地埋式安装,基础标高就必须小于或等于设备标高,并保证下雨时不积水,为防止设备上浮,基础应预埋抗浮环。

② 设备应根据安装图将各箱体依次安装,箱体的位置、方向不能错,彼此间距必须准确,以便连接管道,设备安装就位后,应连接设备和基础上的抗浮环,以防设备上浮。

③ 为保证设备管路畅通,应按产品说明书要求保证某些设备或管路的倾斜度。

④ 设备安装后,应在设备内注入清水,检查各管道有无渗漏,对于地埋式设备,在确定管道无渗漏后,在基础内注入 30~50 cm 深度的清水,并在箱体四周覆土直到设备检查孔,平整地面。

⑤ 在连接水泵、风机等设备的电源线时,应注意风机和电机的转向。

(二) 设备调试

一体化污水处理设备安装完毕后可进行系统调试,即培养填料上的生物膜,污水泵按额定的流量把污水抽入设备内,启动风机进行曝气,每天观察接触池内填料的情况,如填料上长出橙黄或橙黑色的膜,表明生物膜已培养好,这一过程一般需要 7~15 天。对于工业废水处理设备,最好先用生活污水培养好生物膜后,再逐渐进工业废水进行生物膜驯化。

(三) 设备运行

一体化污水处理设备一般为全自动控制或无动力型,不需要配备专门的管理人员,但在设备运行过程中应注意以下事项：

① 开机时必须先启动曝气风机，逐渐打开曝气管阀门，再启动污水泵（或开启进水阀门）；关机时必须先关污水泵（或关闭进水阀门），再关闭曝气风机。

② 如污水较少或没有污水，为保证生物膜的正常生长，使生物膜不死亡脱落，曝气风机可间歇启动，启动周期为 2 h，每次运行时间为 30 min。

③ 严禁砂石、泥土和难以降解的废物（如塑料、纤维织物、骨头、毛发、木材等）进入设备，这些物质很难进行生物降解，且会造成管路堵塞。

④ 防止有毒有害化学物质进入设备，这些物质将影响生化过程的进行，严重的将导致设备生化反应系统破坏。

⑤ 对于地埋式设备，在运行过程中必须保证下雨不积水；设备上方不得停放大型车辆；设备一般不得抽空内部污水，以防设备在地下水的作用下上浮。

（四）设备维护

一体化污水处理设备投入运行后，必须建立一套定期维护保养制度，维护保养的主要内容如下：

① 出现故障必须及时排除，主要故障为管路堵塞和曝气风机、水泵损坏，如果不及时排除故障将影响生物膜的生长，甚至会导致设备生化反应系统的破坏。

② 按产品说明书的要求，定期清理污泥池内的污泥。

③ 设备的主要易损部件为风机和水泵，必须有一套保养制度，风机每运行 10000 h 必须保养一次，水泵每运行 5000~8000 h 必须保养一次。

④ 设备内部的电气设备必须正确使用，非专业人员不能打开控制柜，应定期请专业人员对电气设备的绝缘性能进行检查，以防发生触电事故。

第九章　废水处理通用设备

本章主要介绍废水处理通用设备中最为常见的水泵。将机械能转换为液体能量,并用于输送液体的机械设备称为泵。在废水处理行业中,通常用离心泵进行废水的提升与输送;用螺杆泵进行脱水前污泥及絮凝剂溶液的加压与输送;用隔膜泵进行药液的投加与计量。可以说,泵是废水处理行业中的关键设备,泵的性能好坏及使用维护是否得当,将直接影响废水处理过程的进行,因此有必要对泵的相关知识进行深入的了解。

第一节　水处理常用泵的分类与性能参数

在废水处理厂,泵类设备投资额约占机械设备总投资额的 15% 以上,且从能耗来看,其也是主要耗能设备,所以是主要的动力设备。

一、泵的主要类型

(一) 叶片泵

叶片泵是依靠泵内高速旋转的具有叶片的工作轮(叶轮),将旋转时产生的离心力传给液体介质,使液体获得能量,达到增压和输送的效果。由于叶轮中叶片的形状不同,旋转时水流通过叶轮受到的质量力就不同,水流流出叶轮时的方向也就不同。根据叶轮出水的水流方向可将叶片泵分为径向流、轴向流和斜向流三种。径向流的叶轮泵称为离心泵,液体质点在叶轮中流动时主要受离心力的作用。轴向流的叶轮泵称为轴流泵,液体质点在叶轮中流动时主要受轴向升力的作用。斜向流的叶轮泵称为混流泵,它的叶轮是上述两种叶轮的过渡形式,液体质点在这种叶轮中流动时,既受离心力的作用,又受轴向升力的作用。在城镇污水处理工程中,大量使用的水泵是叶片泵,其中以离心泵最为普遍。

离心泵具有效率高、启动迅速、工作稳定、性能可靠、容易调节等优点,在污水处理工程中被广泛采用。

离心泵的种类很多,一般可按以下方式分类:

① 根据液体流入叶轮的形式,可分为单吸式与双吸式。单吸式泵,液体从一侧进入叶轮。双吸式泵,叶轮两侧都有吸入口,液体从两侧进入叶轮,在相同条件下流量比单吸式泵流量增加一倍,但由于叶轮两面吸入液体,所以液体在叶轮出口汇合处有冲击现象,

会产生噪声和振动。

② 按叶轮数,可分为单级泵和多级泵。单级泵只有一个叶轮,扬程较低,构造简单,适用于工矿企业、城市给水排水、农田排灌。经常使用的单级单吸离心泵的泵型主要是IS 型泵,其外形如图 9-1 所示。

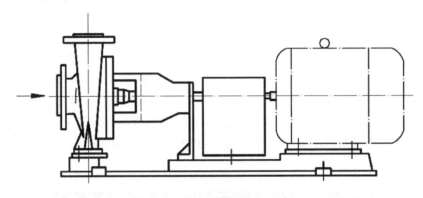

图 9-1 单级单吸离心泵(IS 型)

多级离心泵是清水泵,适用于工矿企业、城市给水排水。泵的吸入口为水平方向,排出口为垂直向上。多级泵在同一根轴上串装两个或两个以上叶轮,可以产生较高的扬程,但构造相对复杂。多级离心泵通常用字母 D 或 DA 表示,其外形如图 9-2 所示。

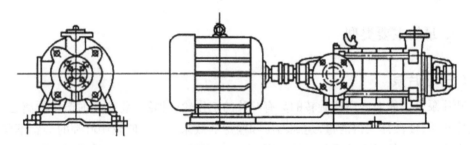

图 9-2 卧式多级离心泵

③ 按工作压力,可分为低压泵、中压泵和高压泵。低压泵,扬程低于 20 m 水柱;中压泵,扬程为 20~160 m 水柱;高压泵,扬程在 160 m 水柱以上。

④ 按泵轴在空间的方位,可分为卧式泵和立式泵。

⑤ 按传送介质,可分为清水泵、污水泵、油泵和耐腐蚀泵。

离心泵在启动之前,一般在泵内应灌满液体,工程上称为"灌泵"或"引水"。启动后,原动轮带动叶轮旋转,叶轮中的液体在叶片的驱动下与叶轮一起转动,从而产生离心力。在此离心力的作用下,液体沿叶轮流道被甩向泵体出口,经过泵的排出室排出泵外。这样,液体不断进出叶轮,保证离心泵能连续输出有一定扬程的液体。

(二) 容积泵

容积泵是依靠泵内机械运动的作用,使泵内工作室的容积发生周期性的变化,对液体产生吸入和压出的作用,使液体获得能量,实现对液体的增压和输送。其形式有活

（柱）塞式、齿轮式、隔膜式、螺杆式等。

（三）其他类型泵

其他类型泵是指除叶片泵和容积泵以外的一些特殊类型的泵,如射流泵、水锤泵、水环式真空泵等。

二、泵的性能参数

我国规定,泵的型号一般由数字与汉语拼音字母两部分组成,数字表示该泵的吸入口直径、排出口直径、流量、扬程等,汉语拼音字母表示该泵的类型、结构等。上述型号参数等均标示在设备铭牌上。

泵的性能参数一般包括流量、扬程、允许吸上真空高度、转速、功率、效率、吸入口直径、排出口直径、泵叶轮直径等。在设备选择时,主要考察泵的流量、扬程、允许吸上真空高度、转速、功率与效率等参数。

（一）流量

泵在单位时间内抽吸或排出的液体量称为泵的流量,用 Q 表示,单位为 m^3/h 或 L/s。叶片泵的流量与扬程成反比关系,流量减少,扬程提高;反之,流量增加,扬程降低。与叶片泵不同的是,容积泵的流量与扬程无关。容积泵在实际运行过程中,由于泄漏和阀门开启、关闭滞后,实际流量比理论流量要小些,在选择泵时需要注意。

（二）扬程

单位质量的液体,从泵进口到泵出口的能量增值为泵的扬程,用 H 表示,单位为 m（水柱）或 Pa,1 m（水柱）$= 9.81×10^3$ Pa。

虽然离心泵的扬程单位中有高度单位,但不应把泵的扬程简单理解为液体输送能达到的高度,因为泵的扬程是液体的静压、速度和几何位能等能量增加值的总和。容积泵的扬程与泵本身动力、强度和填料密封有关,与流量无关,只要允许,可达到任何外界需要的扬程,只是轴功率随着扬程增高而增大。

（三）允许吸上真空高度

允许吸上真空高度指当泵轴线高于吸水池液面时,为了防止发生气蚀现象,所允许的泵轴线距吸水池液面的垂直高度,即在一个标准大气压下、水温为 20 ℃时水泵进口处允许达到的最大真空高度,用 H_s 表示,单位为 m。允许吸上真空高度 H_s 是随流量的变化而变化的,一般来说,流量增加,H_s 下降。当泵轴线低于吸水池液面时,可不考虑此项参数。

（四）转速

转速指泵轴在单位时间内的转数,用 n 表示,单位为转/分（r/min）。

（五）功率与效率

泵的功率分为有效功率和轴功率。有效功率为单位时间内泵排出口流出的液体从泵中得到的有效能量,亦称为输出功率,用 N 表示,常用单位为 kW。轴功率为单位时间内由原动机传递到主轴上的功率,亦称为输入功率,用 N_e 表示,常用单位为 kW。水泵铭牌上的功率一般指泵的轴功率,如指电动机功率须同时标示电动机型号。

泵效率是衡量泵工作经济性的指标,又称为泵的总效率,用 η 表示,$\eta = (N/N_e) \times 100\%$。效率 η 可反映泵中能量利用的程度。因为泵在工作时存在各种能量损失,不可能将原动机输入的功率全部变为液体的有效功率,所以泵的效率越高,说明能量利用率越高,损失越小。

第二节　各类泵的简介

一、离心泵

(一)离心泵的工作原理

由水力学可知,当一个敞口圆筒绕中心轴做等角速度旋转时,圆筒内的水面便为呈抛物线上升的旋转凹面,如图 9-3 所示。圆筒半径越大,转得越快,液体沿圆筒壁上升的高度就越大。离心泵就是基于这一原理工作的。

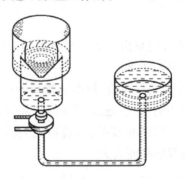

图 9-3　旋转圆筒中的水流运动

图 9-4 所示为污水处理工程中常用的单级单吸式离心泵的基本构造。水泵包括蜗壳形的泵壳 1 和装于泵轴 2 上旋转的叶轮 3。蜗壳形泵壳的吸水口与水泵的吸水管 4 相连,出水口与水泵的压水管 5 相连。水泵的叶轮一般由两个圆形盖板组成,盖板之间有若干片弯曲的叶片,叶片之间的槽道为过水的叶槽。叶轮的前盖板上有一个大圆孔,这是叶轮的进水口,它装在泵壳的吸水口内,与水泵吸水管路相连通。离心泵在启动之前,应先用水灌满泵壳和吸水管道,然后驱动电机,使叶轮和水高速旋转,此时,水受到离心力作用被甩出叶轮,经蜗壳形泵壳中的流道而流入水泵的压水管道,由压水管道输入管网中。与此同时,水泵叶轮中心处由于水被甩出而形成真空,吸水池中的水便在大气压力作用下沿吸水管源源不断地流入叶轮进水口,又受到高速转动叶轮的作用,被甩出叶

轮而输入压水管道。这样,就形成了离心泵的连续输水。

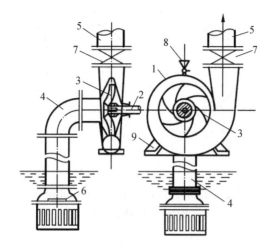

1—泵壳;2—泵轴;3—叶轮;4—吸水管;5—压水管;6—底阀;7—闸阀;8—灌水漏斗;9—泵座。

图 9-4 单级单吸式离心泵的构造

由以上可知,离心泵的工作过程实际上是一个能量传递和转化的过程,它把电动机高速旋转的机械能转化为被抽升液体的动能和势能。在这个传递和转化的过程中伴随着能量损失,能量损失越大,该离心泵的性能就越差,工作效率也就越低。

(二)离心泵的组成

离心泵的主要零部件有叶轮、泵壳、导叶、轴、轴承、密封装置及轴向力平衡装置等。

1. 叶轮

叶轮是离心泵中最重要的零件,它将电动机的能量传给液体。图 9-5 所示为常见叶轮样式。图 9-6 所示为单吸式叶轮,它由两个盖板构成,一个盖板带有轮毂,泵轴从其中通过,另一盖板形成了吸入孔。盖板之间铸有叶片,从而形成一系列流道,叶片一般为6~12 片,视叶轮用途而定。图 9-7 所示为双吸式叶轮,在这种叶轮上,两个盖板都有吸入孔,液体从两侧同时进入叶轮。

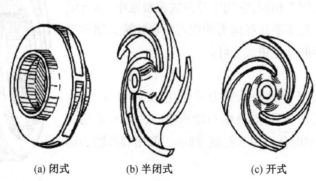

(a) 闭式　　　　(b) 半闭式　　　　(c) 开式

图 9-5 常见叶轮样式

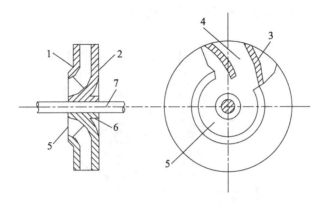

1—前盖板;2—后盖板;3—叶片;4—叶槽;5—吸入孔;6—轮毂;7—泵轴。

图 9-6 单吸式叶轮

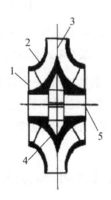

1—吸入孔；2—轮盖；3—叶片；4—轮毂；5—轴孔。

图 9-7 双吸式叶轮

2. 泵壳

泵壳是一个液体能的转能装置,分为有导叶的透平泵泵壳和

3. 导叶

导叶的作用与螺壳相同,它用于分段式多级泵中,具有结构紧凑和在各种工况下平衡径向力的优点。导叶按其结构型式可分为径向式导叶和流道式导叶。

4. 轴承

轴承起支承转子重量和承受力的作用,如图 9-8 所示。离心泵上多使用滚动轴承,其外圈与轴承座孔的配合采用基轴制,内圈与转轴的配合采用基孔制,轴承一般用润滑脂和润滑油润滑。

5. 密封装置

从叶轮流出的高压液体经过叶轮背面,沿着泵轴和泵壳的间隙流向泵外,称为外泄漏。在旋转的泵轴和静止的泵壳

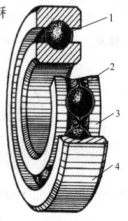

1—滚动体;2—保持架;
3—内圈;4—外圈。

图 9-8 离心泵的轴承

之间的密封装置称为轴封装置。它可以防止和减少外泄漏,提高泵的效率,同时还可以防止空气吸入泵内,保证泵的正常运行。特别在输送易燃、易爆和有毒液体时,轴封装置的密封可靠性是保证离心泵安全运行的重要条件。叶轮的密封环如图9-9所示。常用的轴封装置有机械密封和软填料密封两种,如图9-10、图9-11所示。

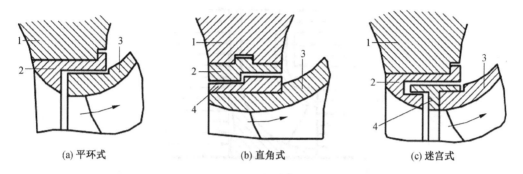

(a) 平环式　　　　　　(b) 直角式　　　　　　(c) 迷宫式

1—泵壳;2—镶在泵壳上的减漏环;3—叶轮;4—镶在叶轮上的减漏环。

图9-9　叶轮的密封环

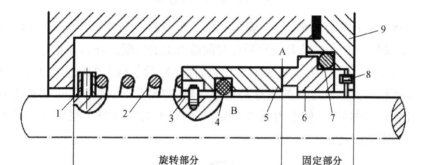

旋转部分　　　　　　固定部分

1—静环;2—动环;3—弹簧;4—传动弹簧座;5—固定螺钉;6、8—密封圈;7—防转销;9—压盖。

图9-10　机械密封

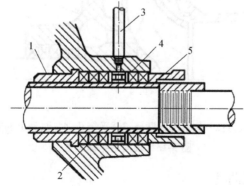

1—套筒;2—填料;3—封漏环;4—压盖;5—填料盒。

图9-11　软填料密封

6. 轴向力平衡装置

单吸式离心泵的叶轮缺乏对称性,离心泵工作时,叶轮两侧作用的压力不相等,如图 9-12 所示。在泵叶轮上有一个推向吸入口的轴向力 ΔP,特别是对于多级的单吸式离心泵来讲,这一轴向力的数值相当大,必须采用专门的轴向力平衡装置来解决。

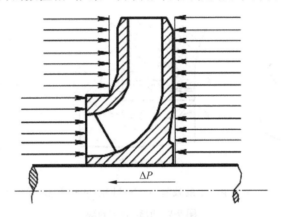

图 9-12　轴向力示意图

对于单级单吸式离心泵而言,一般在叶轮的后盖板上钻开平衡孔,并在后盖板上加装减漏环,如图 9-13 所示。此环的直径可与前盖板上的减漏口环直径相等。压力水经此减漏环时压力下降,并经平衡孔流回叶轮中去,使叶轮后盖板上的压力与前盖板相接近,这样就消除了轴向力。此方法的优点是构造简单,容易实行;缺点是叶轮流道中的水流受到平衡孔回流水的冲击,使水力条件变差,泵的效率有所降低。在单级单吸式离心泵中,此方法应用仍很广泛。

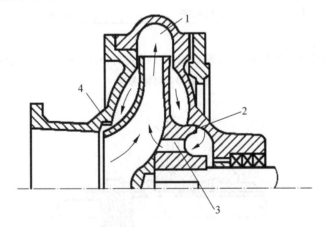

1—排出压力;2—加装的减漏环;3—平衡孔;4—泵壳上的减漏环。

图 9-13　轴向力平衡装置

(三)离心泵的性能曲线

对于废水处理厂的运行人员,只有了解泵的性能曲线,才能对泵的运行进行正确有效的调度管理。性能曲线代表了泵的流量、扬程、功率等特性参数之间的变化关系。

图 9-14 就是离心泵最常见的一种性能曲线。由曲线可以看出,随着流量的变化,总扬程、功率、效率都会发生变化。当流量增大时,功率相应增大,而总扬程却随之变小;相反,当流量减小时,功率相应减小,总扬程随之增大。

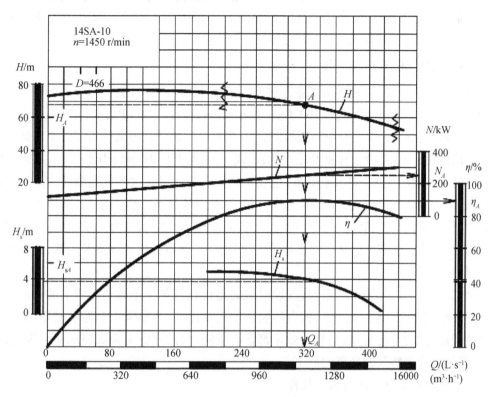

图 9-14　离心泵最常见的一种性能曲线

图 9-14 中,Q-H 曲线表示水泵运行时水泵流量 Q 和扬程 H 之间的关系;Q-N 曲线表示水泵流量 Q 和功率 N 之间的关系;Q-η 曲线表示水泵流量 Q 与效率 η 之间的关系,在设计和操作水泵时,都需要水泵尽可能处在效率最高的工况点附近。

水泵的效率越高,则同等电耗下抽升水量越大或同等水量下电耗越低,所以在运行时,在满足扬程的前提下,应尽可能使水泵运行在效率最高点左右的流量范围内。为达到这个目的,常采用以下几种措施:更换叶轮或切削叶轮;改变水泵转速;利用阀门进行水量调节。但当采用第三种办法时,会增大吸入管路的阻力,浪费较多的能量。

实际工作中,常常需要多台水泵联合进行工作,当几台水泵分别用输水管向出水井或配水井输送时,其工作状况仍保持各自单独工作时的状态。当两台或更多水泵用公共输水管向后续设备输送时,每台泵的工作都会受到公共输水管的约束和影响,研究水泵的工作状况时,必须将几台泵当作整体来看,这种情况称为水泵的并联运行。

水泵并联运行的目的是充分利用水泵,水量小时可以只开一台泵,水量大时同时开启多台水泵进行抽吸,这样利用水泵进行水量调节,提高了水泵运行的可靠性和灵活性。当两台同型号水泵并联工作时,把同一扬程下的流量加倍,再把各工况点连接起来形成并联曲线,就实现了扬程不变、水量加倍。几台水泵同时工作时,由于流量增大,管道阻力也增大,并联工作水量会小于单台水泵的水量和,其扬程会大于单台水泵的扬程,但增加的扬程是浪费的。由此可知,水泵并联越多,每台水泵在其中发挥的作用越小。所以,并联水泵的台数不宜过多,在条件允许的前提下,几台水泵分别向出水井或配水井输水的方式能更好地发挥每台泵的作用,也能节约能源。

(四)离心泵的气蚀与安装

根据物理学可知,当液面压强降低时,相应的汽化温度也降低。例如,水在一个大气压(101.3 kPa)下的汽化温度为100 ℃,一旦水面压强降至2.43 kPa,水在20 ℃时就开始沸腾。开始汽化的液面压强叫作汽化压力,用 P 表示。如果泵内某处压强低至该处液体温度下的汽化压力,部分液体就开始汽化,形成气泡;与此同时,由于压强降低,原来溶解于液体的某些活泼气体(如水中的氧)也会逸出而成为气泡。这些气泡随液体流进泵内高压区,由于该处压强较大,气泡迅速破裂,于是在局部区域产生高频率、高冲击力的水击,不断打击泵内部件,特别是工作叶轮,使其表面成为蜂窝状或海绵状。此外,在凝结热的辅助作用下,活泼气体还将对金属发生化学腐蚀,以致金属表面逐渐脱落,这种现象就是气蚀。

当气泡不太多、气蚀不严重时,气蚀对泵的运行和性能还不致产生明显的影响。如果气蚀持续发展,气泡大量产生,就会影响液体正常流动,导致噪声和振动剧增,甚至造成断流现象,此时泵的流量、扬程和效率都显著下降,最后泵的寿命必将缩短。因此,在泵的运行中,应严防气蚀现象的产生。

产生气蚀的具体原因有以下几种:

① 泵的安装位置高出吸液面太多,即泵的几何安装高度过高;
② 泵安装地点的大气压较低,如安装在高海拔地区;
③ 泵所输送的液体温度过高;
④ 集水井吸水口液位过低,造成空气与水同时被吸入。

如上所述,正确决定泵吸入口的压强(允许吸上真空高度),是控制泵在运行时不发生气蚀而正常工作的关键。

(五)离心泵的选用

1. 确定输送系统的流量与压头

液体的输送量一般由生产任务规定,如果流量在一定范围内波动,那么选泵时应按最大流量考虑。根据输送系统管路的安排,用伯努利方程计算在最大流量下管路所需的压头。

2. 选择泵的类型与型号

首先应根据输送液体的性质和操作条件确定泵的类型,然后按已确定的流量 Q_e 和压头 H_e 从泵的样本或产品目录中选出合适的型号。考虑到操作条件的变化和备有一定的裕量,所选泵的流量和压头可稍大一点,但在该条件下对应泵的效率应比较高,即点

(Q_e,H_e)坐标位置应靠近泵的高效率范围所对应的 $Q\text{-}H$ 曲线下方。泵的型号选定后,应列出该泵的各种性能参数。

二、轴流泵

(一)轴流泵的工作原理

如图 9-15 所示,轴流泵的叶轮上安装着 4~6 个扭曲形叶片,叶轮上部装有固定不动的导轮,其上有导水叶片,下方为进水喇叭管。当叶轮旋转时,水获得能量经导水叶片流出。由于这种泵的水流进叶轮和流出导叶都是沿轴向的,故称轴流泵。

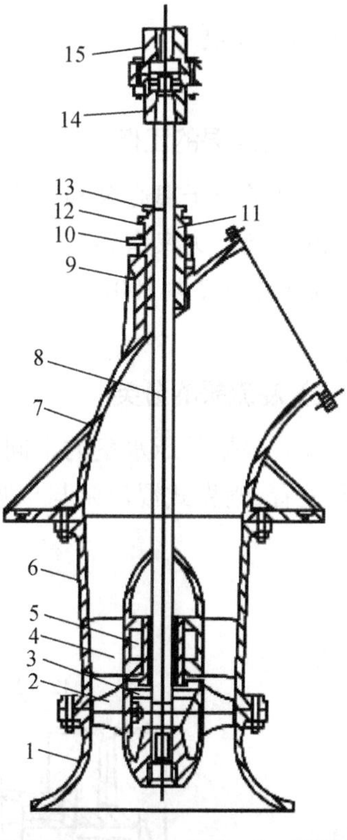

(二)轴流泵的组成

1. 泵壳

由三段管组成:吸水喇叭管、导叶管、出水弯管。

2. 叶轮

叶轮由叶片、轮毂体等组成,叶片装在一个大的轮毂体上。根据叶片是否可以改变安装角度,叶片可分为固定式、半调式和全调节式。固定式:叶片和轮毂体铸成一体,叶片的安装角度不能调节。半调式:叶片用螺母拴紧在轮毂体上,按要求可调整角度(-4°,-2°,0°,+2°,+4°)。全调节式:根据流量和扬程,通过一套油压装置来改变叶片的安装角度,结构复杂,适于大型轴流泵站。

3. 导叶

导叶是固定在导叶管上不动的叶片,其作用是把旋转的水流的状态转为轴向上升,把旋转的动能变为压能。

4. 轴和轴承

轴下端连叶轮,上端联电动机,吊装在电动机的机座和基础上,以止推轴承承重。轴承在轴流泵中按其功用分为两种:一种是止推轴承,用于承重(轴重、叶轮重、水向下的压力等);另一种是导轴承(上导轴承、下导轴承),用于承受轴向力,起径向定位的作用,保持泵轴铅直。

1—吸入喇叭管;2—叶片;3—轮毂体;
4—导叶;5—下导轴承;6—导叶管;
7—出水弯管;8—泵轴;9—上导轴承;
10—引水管;11—填料;12—填料盒;
13—压盖;14—泵联轴器;
15—电动机联轴器。

图 9-15　立式半调式轴流泵

5. 密封装置

由填料盒、水封管等组成。

6. 联轴器

电动机的出力是通过联轴器来传递给泵的。联轴器又称"靠背"轮,有刚性和挠性两种。

轴流泵可以垂直安装(立式)和水平安装(卧式),也可以倾斜安装(斜式)。

三、混流泵

(一)混流泵的工作原理

混流泵是介于离心泵和轴流泵之间的一种泵。当原动机带动叶轮旋转后,液体所受的力既有离心力又有轴向升力,液体斜向流出叶轮。混流泵的比转速高于离心泵,低于轴流泵,一般在300~500之间。它的扬程比轴流泵高,但流量比轴流泵小,比离心泵大。

(二)混流泵的分类

混流泵根据其压水室的不同,通常可分为蜗壳式和导叶式两种(图9-16、图9-17)。从外形上看,蜗壳式混流泵与单吸式离心泵相似,导叶式混流泵与立式轴流泵相似。

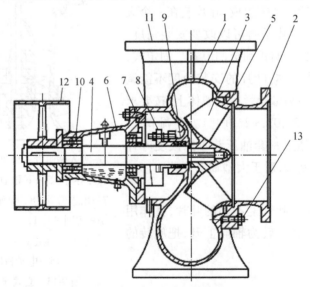

1—泵壳;2—泵盖;3—叶轮;4—泵轴;5—减漏环;6—轴承盒;7—轴套;
8—填料压盖;9—填料;10—滚动轴承;11—出水口;12—皮带轮;13—双头螺丝。

图9-16 蜗壳式混流泵结构

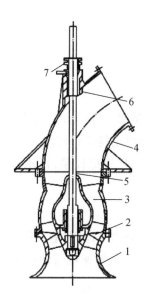

1—进水喇叭口；2—叶轮；3—导叶体；4—出水弯管；5—泵轴；6—橡胶轴承；7—填料函。

图 9-17　导叶式混流泵结构

四、潜水排污泵

（一）潜水排污泵的特点

潜水排污泵的特点是全泵（包括电动机）潜入水下工作，因此这种泵结构紧凑、体积小。由于安装这种泵不需要牢固的基座、庞大的泵房及辅助设备，也不需要吸水管及吸水阀门、真空泵等设施，因此可以在很大程度上节约构筑物及辅助设备的费用。大部分潜水排污泵维修时可将其整体从水中吊出，而不需要排空吸水井中的积水，因此维修工作比一般离心泵要方便。由于全泵潜入水中，因而潜水排污泵不存在允许吸上真空高度问题，也不会发生气蚀现象。潜水排污泵的缺点是对电动机的密封要求非常严格，如果密封质量不好，或者使用管理不善，电动机会因漏入水而烧坏。

（二）潜水排污泵的作用

大中型潜水排污泵可安装于污水处理厂的进水泵站、回流泵房等地，承担污水及活性污泥的抽升任务。

中小型潜水排污泵在污水处理厂的应用则更为广泛。由于其机动性强，可随时调动，因此在维修各种设备及构筑物时用于排除各沉淀池、曝气池、渠道、管道及各个井中的积水与污泥。特别是遇到暴雨等灾害性天气时，可集中数台潜水排污泵紧急排出低洼地、管廊及地下构筑物的积水。另外，一些中小型潜水排污泵还被安装于泵吸式吸泥机上，用于吸取池底的活性污泥；安装于刮泥机上，用于冲洗浮渣槽及浮渣管中的积渣。

五、螺杆泵

（一）螺杆泵的工作原理

螺杆泵的工作原理与齿轮泵相似,是借助转动的螺杆与泵壳上的内螺纹或螺杆与螺杆相互啮合将液体沿轴向推进,最终由排出口排出。

螺杆泵分单螺杆泵、双螺杆泵及三螺杆泵,污水处理厂的污泥输送主要使用单螺杆泵。

（二）螺杆泵的组成

单螺杆泵又称莫诺泵,如图 9-18 所示。它是一种有独特工作方式的容积泵,主要由转子、定子、连轴杆及连杆箱(吸入室)、减速机与轴承座等部分组成。

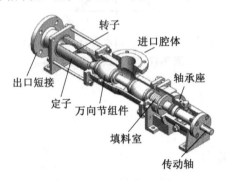

图 9-18　单螺杆泵结构

1. 转子

螺杆泵的转子是一根具有大导程的螺杆,根据所输送介质的不同,转子由高强度合金钢、不锈钢等制成。为了抵抗介质对转子表面的磨损,转子的表面都经过硬化处理,或者镀一层抗腐蚀、高硬度的铬。转子表面的光洁度非常高,这样才能保证转子在定子中转动自如,并减少对定子橡胶的磨损。转子在水的吸入端通过联轴器等方式与连轴杆连接,在其排出端则是自由状态。

2. 定子

定子的外壳一般用钢管制成,两端有法兰,分别与连杆箱及排出管连接,钢管内是一个具有双头螺线的弹性衬套,用橡胶或者合成橡胶等材料制成。

3. 密封空腔及工作方式

在电机的驱动下,转子在定子内转动,相互配合的转子和定子在泵内形成了几个互不相通的密封空腔。由于转子的转动,密封空腔沿轴向由泵的吸入端向排出端方向运动,介质在空腔内连续地由吸入端输向排出端。由于独特的结构及工作方式,单螺杆泵可有效地输送污泥、浮渣等具有高黏度并含有固体物质的介质。

4. 连轴杆

由于转子在转动时有较大的摆动,所以与之连接的连轴杆也必须随之摆动。目前常用的连接方式有两种:一种是使用特殊的由高弹性高强度材料制成的挠性连轴杆。它的两端与减速机输出轴和转子之间用法兰做刚性连接,其依靠本身的挠曲性去驱动转子转动并随转子摆动。另一种是在连轴杆的两端,在与转子的连接处和与减速机输出轴的连接处各安装一个万向联轴节,这样就可以在驱动转子转动的同时适应转子的摆动。为了保护方向联轴节不被泥沙磨损,每一个方向联轴节上都有专用的橡胶护套。

有些螺杆泵为了输送一些自吸性差的物质(如浮渣),在吸入腔内的连轴杆上还设置了螺旋输送装置。

5. 减速机与轴承座

一般在污水处理厂用于输送污泥与浮渣的螺杆泵的转子的转速为 150~400 r/min,因此必须设置减速装置。减速机采用一级至两级齿轮减速,一些需要调节转速的螺杆泵还在减速机上安装了变速装置。减速机使用重载齿轮油来润滑。为了防止连轴杆的摆动对减速机产生影响,在减速机与连轴杆之间还设置了一个轴承座,用以承受摆动所造成的交变径向力。

6. 螺杆泵的密封

螺杆泵的吸入室与轴承座之间是关键的密封部位,一般有三种密封方式。

① 填料密封:这是使用较为广泛的密封方式。密封部分由填料盒、填料及压盖等构成,以介质中的水作为密封、润滑及冷却液体。

② 带轴封液的填料密封:在数圈填料中加一个带有很多水孔的填料环,用清水式缓冲液(轴封液)提供密封压力、润滑和防止介质中的有害物质及空气对填料及轴的侵害,这种方式操作较为复杂,但能大大延长填料的寿命。

③ 机械密封:形式很多,如单端面、双端面。密封效果较好,无滴漏或仅有很少量的滴漏,但有时要加接循环冷却水系统。

六、螺旋泵

螺旋泵是一种提水设备,在 2000 多年前由阿基米德发明,故又称阿基米德螺旋泵。当时由人力驱动,后经发展采用风力或者水力驱动,现代的螺旋泵一般由电动机或者柴油机驱动。

螺旋泵是放置在倾斜的泵槽中使螺旋旋转的扬水机构,因其转速低、可靠性好,故被广泛采用。污水处理厂一般使用螺旋泵作为回流污泥泵和剩余污泥泵,中小型污水处理厂的提水泵站内有时也采用螺旋泵。

(一) 螺旋泵的工作原理

确切来说,螺旋泵不能算泵,它的提水原理与我国古代的龙骨水车十分相似。如图 9-19 所示,螺旋泵的螺旋倾斜放置于泵槽中,螺旋的下部浸入水中,由于螺旋轴对水面的倾角小于螺旋叶片的倾角,因此当螺旋低速旋转时,水就从叶片的 P 点进入叶片,水在重力的作用下,随叶片下降到 Q 点,由于转动时的惯性力,叶片将 Q 点的水又提升到 R 点,而后在重力作用下,水又下降到高一级叶片的底部。如此不断循环,水沿螺旋轴一级一级地往上提,最后升到螺旋槽的最高点而流出。由此看来,螺旋泵既不同于叶片泵,也不同于容积泵,是一种特殊形式的提水设备。

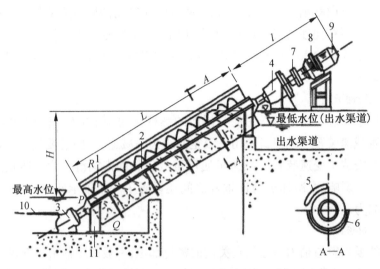

1—螺旋轴;2—轴心管;3—下轴承座;4—上轴承座;5—罩壳;6—泵壳;
7—联轴器;8—减速箱;9—电动机;10—润滑水管;11—支架。

图 9-19　螺旋泵的工作原理图

(二)螺旋泵的组成

螺旋泵主要分五个部分:螺旋部分、下轴承座、上轴承座、驱动装置、混凝土槽(或者钢槽)。

1. 螺旋部分

如图 9-19 所示,螺旋泵的主体为螺旋,螺旋是在钢管(轴心管)外焊钢叶片制成的,钢管的直径约为螺旋外径的 1/2,叶片的板厚为 5~10 mm,有三头螺纹的,也有双头螺纹的。有些污水处理厂为了防腐需要,采用不锈钢叶片,叶片常以 30~120 r/min 的速度旋转,与混凝土槽形成一个不断上升的封水区,达到提水(或活性污泥)目的。

2. 下轴承座

下轴承座浸没于污水之中,也称水中轴承。轴承座是一个密封的壳体,内装一个径向滚珠轴承,这个轴承承担着二分之一的径向载荷。壳体内充满润滑脂,上部有密封垫或者填料函,用以防止污水及泥沙的渗入。近年来,有些螺旋泵用机械密封的方式保护水中轴承。为了防止螺旋长度方向热胀冷缩对泵轴及泵体所造成的影响,轴承支架做成浮动式的。同时螺旋轴因自重及扬水重会产生挠曲,也会对水中轴承产生不良影响,因此水中轴承的工作条件是较恶劣的。

3. 上轴承座

上轴承座完全工作在水面之上,由壳体、径向滚珠轴承和止推轴承组成。同水中轴承一样,径向滚珠轴承也承担着二分之一的径向载荷,而止推轴承则要承担全部的轴向载荷。由于不接触污泥与污水,因此上轴承座的工作条件要好一些,可以直接从油杯向壳体内加注油脂。上轴承座在设计及安装中,同样也要考虑螺旋轴挠曲所造成的不利影响。

第十章 可调节型废水处理设备

第一节 分格可调型厌氧-缺氧-好氧生化反应器

传统的厌氧-缺氧-好氧(A-A-O)工艺是典型的城市污水处理工艺,在一定程度上解决了污水的有机物去除和脱氮除磷的问题。传统的 A-A-O 工艺厌氧段、缺氧段和好氧段的水力停留时间之比亦即各反应段容积之比,一般为 $1:1:(3\sim4)$,相对容积固定,可调节性差。在处理水质特殊的工业废水时,该工艺各反应段的水力停留时间和处理负荷难以调节,不能完全适应高浓度难降解有机物、高氮和高磷的一些工业废水,限制了此类工艺和相应生化反应器的发展与应用。

中国专利 CN200510132777.4 公开了一种"五因子可调污水处理装置",其特征在于厌氧池、缺氧池、好氧池的容积比例可以调整,但是需要将厌氧池、缺氧池和好氧池依次排列,并连成一个长方形大池,用移动隔墙来调节容积比例,因而占地面积大,三个反应段布置形式单一,不易调节,应用范围有限。中国专利 CN201110157920.0 公开了"一种可调式生化池及其进行水处理的可调式 A-A-O 工艺",尽管该专利工艺多变,但未能从根本上分别改变厌氧段、缺氧段和好氧段的实际容积大小和相对的水力停留时间比例。因此,笔者在现有技术的基础上,研究开发了一种设计合理、结构紧凑、调节容易、占地面积小、经济效益高、应用范围广、能适应多种水质或变化水质的用于废水处理的生化反应器。

一、分格可调型厌氧-缺氧-好氧生化反应器原理

笔者研究开发的分格可调型厌氧-缺氧-好氧生化反应器呈廊道式(图 10-1),包括 24 个分格池,24 个分格池分配为厌氧段、缺氧段和好氧段。其中第 1 分格池到第 12 分格池,每两个分格池之间均设置有卡槽,卡槽可插入隔板实现对厌氧段、缺氧段和好氧段的分段,隔板下部设置过水孔口。第 13 分格池到第 24 分格池之间,废水沿廊道直行时,每两个分格池之间打通连接;废水沿廊道转向时,根据转向在转向处两个分格池之间利用半个分格池池壁打通连接,并使水流转向。

本反应器的每个分格池下部设有曝气装置(图 10-2),曝气装置包括曝气总管、与曝气总管相连的曝气干管、与曝气干管相连的曝气支管,曝气支管末端设有曝气头,曝气支管上设有控气阀。

本反应器下部设有水下推进器。水下推进器可为直流推进器、尾管推进器、液压推进器、液压马达、涡轮推进器,采用水下推进器可以加快水流流动,改善水力条件,减少水流死角,提高废水处理效率。

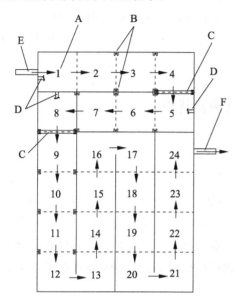

1—24 为分格池的编号;A—分格池;B—卡槽;C—隔板;
D—水下推进器;E—进水管;F—出水管。

图 10-1　反应器的结构示意图

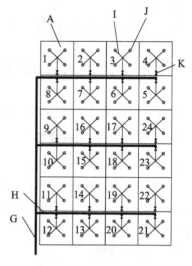

1—24 为分格池的编号;A—分格池;G—曝气总管;
H—曝气干管;I—曝气支管;J—曝气头;K—控气阀。

图 10-2　反应器中曝气装置的结构示意图

当处理不同废水时,同时考虑去除 COD 和脱氮除磷,调整厌氧段、缺氧段和好氧段分格池的数目比。当废水处理需要延时曝气时,设置厌氧段、缺氧段和好氧段分格池的数目比为 3∶3∶18。本反应器在处理工业废水时,考虑到延长厌氧段的水力停留时间,强化厌氧段生化处理的效果,设置厌氧段、缺氧段和好氧段分格池的数目比为 6∶4∶14 或 7∶3∶14。本反应器在处理高磷废水时,着重需要除磷,考虑到延长厌氧段、好氧段的水力停留时间,以利于厌氧释磷和好氧吸磷,设置厌氧段、缺氧段和好氧段分格池的数目比为 6∶2∶16。本反应器在处理高氮废水时,着重需要脱氮,考虑缩短厌氧段的水力停留时间,延长缺氧段、好氧段的水力停留时间,以利于缺氧反硝化脱氮和好氧的硝化过程,设置厌氧段、缺氧段和好氧段分格池的数目比为 2∶6∶16。

本反应器后续沉淀单元的沉淀污泥回流设在厌氧段的起始格,缺氧段的硝化液回流设在缺氧段的起始格,均由泵和管道输送进分格池。本反应器通过控气阀控制曝气量,厌氧段关闭控气阀,缺氧段和好氧段通过调节控气阀来控制曝气量,缺氧段保持分格池混合液溶解氧在 0.2~2.0 mg/L,好氧段保持分格池混合液溶解氧大于 2.0 mg/L。

本反应器的隔板由手动控制或电机控制以实现插入或拔出卡槽。作为更优选方案,隔板的上端设置两个抓手环,对于小型的日处理水量在 10 m³ 以下的反应器,隔板采用轻质塑材,隔板的插入和拔出可采取人工方式;对于中大型的日处理水量在 10 m³ 及以上的反应器,隔板采用与反应器池壁相同的材料或结构,隔板的插入和拔出可通过在池壁上设置电动装置实现,如利用电机来电动控制。

本反应器可以根据具体待处理废水的特性、处理要求和操作要求,采用隔板对厌氧段、缺氧段和好氧段进行分隔,使各生化反应段中的微生物种群相对独立,相应的生化反应的环境相对保持平稳。本反应器分格池的具体布置应根据现场实际用地的形状来灵活调节,池型长短和水流廊道走向可多样化,廊道走向为从左向右、从上向下、从左右和上下两个方向综合或从内向外成回转式。

二、分格可调型厌氧-缺氧-好氧生化反应器优点

分格可调型厌氧-缺氧-好氧生化反应器具有以下优点。

(一)设计合理,结构紧凑

本反应器可根据待处理废水水质情况灵活调节厌氧段、缺氧段和好氧段的水力停留时间,采用隔板对厌氧段、缺氧段和好氧段进行分隔,使各生化反应段中的微生物种群相对独立,相应的生化反应的环境相对保持平稳。因而,本反应器应用广泛,在处理不同类型废水时,厌氧段、缺氧段和好氧段均能保持高效的生化处理,使反应器获得整体上稳定、高效的处理效果。

(二)适应不同水质特性的废水

本反应器可利用改变分格池隔板位置的方式来改变厌氧段、缺氧段和好氧段的相对容积,从而使其中某生化反应段的水力停留时间延长或缩短,以适应不同水质特性的废水或变化水质的废水的处理需求,且调节十分方便。

(三)设计灵活,投资运行费用低

本反应器的池型长短可灵活调节,水流廊道走向亦多样化,反应器的分格可根据现场实际用地的形状,以及进水管和出水管的位置灵活调节,而不受反应器预留场地和池型的限制,因而反应器占地面积小,具有很好的环境效益和经济效益。

三、分格可调型厌氧-缺氧-好氧生化反应器实施例

(一)实施例1

隔板由手动控制以实现插入或拔出卡槽。

当处理生活污水时(处理前生活污水的 COD、氨氮和总磷分别为 400~1000 mg/L、30~50 mg/L 和 5~10 mg/L),厌氧段、缺氧段和好氧段的分格池的数目比为 4∶4∶16,即在第 4 和第 5 分格池之间的卡槽内插入隔板,厌氧段由第 1 至第 4 分格池构成,然后在第 8 和第 9 分格池之间的卡槽内插入隔板,缺氧段由第 5 至第 8 分格池构成,剩下的第 9 至第 24 分格池构成好氧段。采用本反应器处理后,生活污水的 COD、氨氮和总磷分别为 50~80 mg/L、5 mg/L 和 1 mg/L(经反应器处理后的出水指标值是指经后续沉淀单元后的

出水指标测定数值,以下实施例中均是如此)。

(二)实施例2

在处理难降解的工业废水时(处理前废水的 COD、氨氮和总磷分别为 1000 ~ 3000 mg/L、30 mg/L 和 3 mg/L),需要延长厌氧段的水力停留时间,强化厌氧段生化处理的效果,厌氧段、缺氧段和好氧段分格池的数目比为 6:4:14,即在第 6 和第 7 分格池之间的卡槽内插入隔板,厌氧段由第 1 至第 6 分格池构成,然后在第 10 和第 11 分格池之间的卡槽内插入隔板,缺氧段由第 6 至第 10 分格池构成,剩下的第 11 至第 24 分格池构成好氧段。采用本反应器处理后,废水的 COD、氨氮和总磷分别为 50~150 mg/L、5 mg/L 和 1 mg/L。

(三)实施例3

在处理高磷废水时(处理前废水的 COD、氨氮和总磷分别为 400~1000 mg/L、10 mg/L 和 20 mg/L),需要延长厌氧段、好氧段的水力停留时间,以利于厌氧释磷和好氧吸磷,厌氧段、缺氧段和好氧段分格池的数目比为 6:2:16,即在第 6 和第 7 分格池之间的卡槽内插入隔板,厌氧段由第 1 至第 6 分格池构成,然后在第 8 和第 9 分格池之间的卡槽内插入隔板,缺氧段由第 7 至第 8 分格池构成,剩下的第 9 至第 24 分格池构成好氧段。采用本反应器处理后,废水的 COD、氨氮和总磷分别为 50~80 mg/L、5 mg/L 和 1 mg/L。

从以上 3 例可以看出,本反应器适用面广,对多种类型的废水均有较好的生化处理效果。

(四)实施例4

起初待处理水的水质同实施例1,以生活污水为主,处理前水的 COD、氨氮和总磷分别为 400~1000 mg/L、30~50 mg/L 和 5~10 mg/L,反应器分格、布置也同实施例1,采用本反应器处理后水的 COD、氨氮和总磷分别为 50~80 mg/L、5 mg/L 和 1 mg/L。

当上述生活污水进水水质发生变化时(例如在建的工业集中区时有少量工业废水进入生活污水处理厂处理,或有工业废水管道泄漏进市政管网),处理前的废水变化为 COD、氨氮和总磷分别为 500~2000 mg/L、25~50 mg/L 和 3~5 mg/L,若厌氧段、缺氧段和好氧段的分格池的数目仍然保持 4:4:16,则不适应现在的进水水质,长期运行会导致生化处理效率下降,特别是出水 COD 的值会升高,导致出水不达标。此时应该调整厌氧段、缺氧段和好氧段的分格池数目,延长厌氧段的水力停留时间,强化厌氧段生化处理的效果,因此调整厌氧段、缺氧段和好氧段分格池的数目比为 6:4:14,即在第 6 和第 7 分格池之间的卡槽内插入隔板,厌氧段由第 1 至第 6 分格池构成,然后在第 10 和第 11 分格池之间的卡槽内插入隔板,缺氧段由第 6 至第 10 分格池构成,剩下的第 11 至第 24 分格池构成好氧段。经过这样的调整,同时加大好氧段曝气量,反应器才能适应现在的进水水质,处理后废水的 COD、氨氮和总磷分别为 50~100 mg/L、5 mg/L 和 1 mg/L,使得本反应器始终保持较好的生化处理效果。

从实施例4可以看出,本反应器能够适应废水水质变化,具有可灵活调节的优点。

（五）实施例5

图10-3为某项目为生化反应器预留的不规则地块,现有的常规反应器无法根据该地块形状设计厌氧-缺氧-好氧生化反应器。分格可调型反应器具有"分格"灵活调节的优点,整个反应器分成24个分格池,因此可将地块设计成图10-4所示的分格形式和廊道走向,并根据待处理废水的水质情况,灵活调节厌氧段、缺氧段和好氧段的分格数。经在第1、5、8、9、21格设置水下推进器,加强水流流动,改善水力条件,减少水流死角。

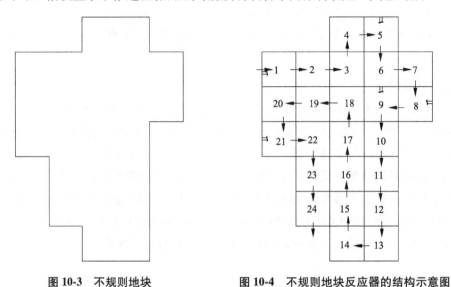

图10-3 不规则地块　　　　图10-4 不规则地块反应器的结构示意图

从实施例5可以看出,本反应器池型长短和水流廊道走向不受预留场地限制,具有可灵活设置的优点,使其应用范围更加广泛。

第二节　回转式可调型厌氧-缺氧-好氧生化反应器

一、回转式可调型厌氧-缺氧-好氧生化反应器原理

笔者自主研究开发的回转式可调型厌氧-缺氧-好氧生化反应器(图10-5)呈回转廊道式,包括4条连续的等宽等高的过水廊道,分配为厌氧段、缺氧段和好氧段,其中沿废水流动方向,在起始廊道上设置Ⅰ号可移动隔板,在第2条廊道上设置Ⅱ号可移动隔板,在起始廊道壁和第2条廊道壁上设置滑轨装置,实现对厌氧段、缺氧段和好氧段分配容积的调整,进水管到Ⅰ号可移动隔板之间为厌氧段,Ⅰ号可移动隔板到Ⅱ号可移动隔板之间为缺氧段,Ⅱ号可移动隔板到出水管之间为好氧段,Ⅰ号可移动隔板和Ⅱ号可移动隔板的下部设置过水孔口。

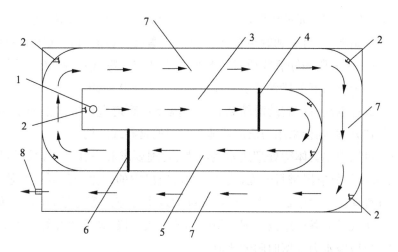

1—进水管;2—推进器;3—厌氧段;4—Ⅰ号可移动隔板;

5—缺氧段;6—Ⅱ号可移动隔板;7—好氧段;8—出水管。

图 10-5　反应器的结构示意图

本反应器的每条廊道下部设有曝气装置(图 10-6),曝气装置包括曝气总管、与曝气总管相连的曝气干管、与曝气干管相连的曝气支管,曝气支管末端设有曝气头,曝气支管上设有控气阀。

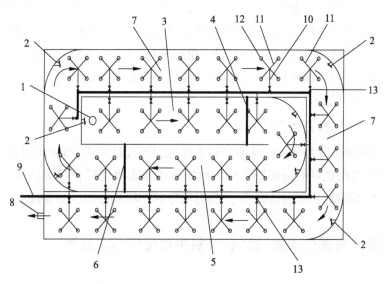

1—进水管;2—推进器;3—厌氧段;4—Ⅰ号可移动隔板;5—缺氧段;6—Ⅱ号可移动隔板;

7—好氧段;8—出水管;9—曝气总管;10—曝气干管;11—曝气支管;12—曝气头;13—控气阀。

图 10-6　反应器曝气装置的结构示意图

本反应器的廊道回转处的下部设有水下推进器。水下推进器可为直流推进器、尾管推进器、液压推进器、液压马达、涡轮推进器,采用水下推进器可以加快水流流动,改善水力条件,减少水流死角,提高废水处理效率。

本反应器后续沉淀单元的沉淀污泥回流设在厌氧段的起始端,缺氧段的硝化液回流设在缺氧段的起始端,均由泵和管道输送进廊道。本反应器通过控气阀控制曝气量,厌氧段关闭控气阀,缺氧段和好氧段通过调节控气阀来控制曝气量,缺氧段保持混合液溶解氧在 $0.2 \sim 2.0$ mg/L,好氧段保持混合液溶解氧大于 2.0 mg/L。

本反应器通过电动机控制的滑轨装置实现隔板在廊道直线方向上的来回移动和固定。作为更优选方案,隔板采用与反应器池壁相同的材料或结构。

本反应器可以根据具体待处理废水的特性、处理要求和操作要求,采用可移动隔板对厌氧段、缺氧段和好氧段进行分隔,使各生化反应段中的微生物种群相对独立,相应的生化反应的环境保持相对平稳。由于四条连续的过水廊道是等宽等高的,因而调节各反应段的长度即实现了对各反应段分配容积的调节。厌氧段、缺氧段和好氧段的分配容积的比值亦即各反应段水力停留时间的比值。

二、回转式可调型厌氧-缺氧-好氧生化反应器优点

回转式可调型厌氧-缺氧-好氧生化反应器具有以下优点。

(一) 设计合理,结构紧凑

本反应器可根据待处理废水水质情况灵活调节厌氧段、缺氧段和好氧段的水力停留时间,采用可移动隔板对厌氧段、缺氧段和好氧段进行分隔,使各生化反应段中的微生物种群相对独立,相应的生化反应的环境保持相对平稳。因而,本反应器应用广泛,在处理不同类型废水时,厌氧段、缺氧段和好氧段均能保持高效的生化处理,使反应器获得整体上稳定、高效的处理效果。

(二) 设计灵活,投资运行费用低

因为本反应器由等高等宽的连续的过水廊道回转设计而成,所以廊道长短尺寸调配灵活,廊道水流走向也可根据现场实际场地的形状及出水管的位置灵活调节,而不受反应器预留场地的限制,从而占地面积小,具有很好的环境效益和经济效益。

三、回转式可调型厌氧-缺氧-好氧生化反应器实施例

(一) 实施例1

采用本反应器处理生活污水时(处理前生活污水的 COD 为 $300 \sim 1000$ mg/L,氨氮为 $30 \sim 50$ mg/L,总磷为 $5 \sim 8$ mg/L),厌氧段、缺氧段和好氧段的分配容积比为 $1:1:3$ 或 $1:1:4$。采用本反应器处理后,生活污水的 COD 为 $50 \sim 80$ mg/L,氨氮 $\leqslant 5.0$ mg/L,总磷 $\leqslant 1.0$ mg/L(经本反应器处理后出水的水质指标是指经后续沉淀单元后的出水的测定数值,以下实施例中均是如此)。

（二）实施例 2

在处理污染物浓度较低的工业废水时,反应器过水廊道的设计布置、各生化反应段的分隔方式,以及反应器和曝气装置的运行操控方式和参数等均同实施例 1。与实施例 1 不同的是,针对处理对象的不同而采用不同的厌氧段、缺氧段和好氧段分配容积比。

对于难降解的工业废水(处理前工业废水的 COD 为 1000～3000 mg/L,氨氮约为 30 mg/L,总磷约为 3 mg/L),需要延长厌氧段的水力停留时间,强化厌氧段生化处理的效果,厌氧段、缺氧段和好氧段的分配容积比为 3∶2∶7。采用本反应器处理后废水的 COD 为 50～150 mg/L,氨氮≤5.0 mg/L,总磷≤1.0 mg/L。

（三）实施例 3

在处理高磷废水时,反应器过水廊道的设计布置、各生化反应段的分隔方式,以及反应器和曝气装置的运行操控方式和参数等均同实施例 1。与实施例 1 不同的是,针对处理对象的不同而采用不同的厌氧段、缺氧段和好氧段分配容积比。

对于高磷废水(处理前工业废水的 COD 为 400～1000 mg/L,氨氮约为 10 mg/L,总磷约为 20 mg/L),需要除磷,延长厌氧段、好氧段的水力停留时间,以利于厌氧释磷和好氧吸磷,厌氧段、缺氧段和好氧段的分配容积比为 3∶1∶8。采用本反应器处理后废水的 COD 为 50～80 mg/L,氨氮≤5.0 mg/L,总磷≤1.0 mg/L。

从以上 3 例可以看出,本反应器适用面广,对多种类型的废水均有较好的生化处理效果。

（四）实施例 4

当处理变化水质的废水时,反应器过水廊道的设计布置、各生化反应段的分隔方式,以及反应器和曝气装置的运行操控方式和参数等均同实施例 1。与实施例 1 不同的是,针对废水水质的变化而采用不同的厌氧段、缺氧段和好氧段分配容积比,并及时进行调整。

起初待处理水的水质同实施例 1,以生活污水为主,处理前生活污水的 COD 为 300～1000 mg/L,氨氮为 30～50 mg/L,总磷为 5～8 mg/L,厌氧段、缺氧段和好氧段的分配容积比为 1∶1∶3。采用本反应器处理后生活污水的 COD 为 50～80 mg/L,氨氮≤5.0 mg/L,总磷≤1.0 mg/L。

当上述生活污水进水水质发生变化时(例如在建的工业集中区时有少量工业废水进入生活污水处理厂处理,或有工业废水管道泄漏进市政管网),处理前的废水变化至 COD 为 500～2000 mg/L,氨氮为 25～50 mg/L,总磷为 3～5 mg/L,若厌氧段、缺氧段和好氧段的分配容积比仍然保持为 1∶1∶3,则不适应现在的进水水质,长期运行会导致生化处理效率下降,特别是出水 COD 的值会升高,导致出水不达标。此时应该调整厌氧段、缺氧段和好氧段分配容积比,延长厌氧段的水力停留时间,强化厌氧段生化处理的效果,因此调整厌氧段、缺氧段和好氧段分配容积比为 3∶2∶7。经过这样的调整,同时加大好氧段曝气量,反应器才能适应现在的进水水质,反应器调整后处理后废水的 COD 为 50~80 mg/L,氨氮≤5.0 mg/L,总磷≤1.0 mg/L,使得本反应器始终保持较好的生化处理效果。

从实施例4可以看出,本反应器能够适应废水水质的变化,具有可灵活调节的优点。

参 考 文 献

［1］刘宏. 环保设备设计与应用手册［M］. 北京：化学工业出版社，2022.

［2］刘宏. 环保设备：原理·设计·应用［M］. 4 版. 北京：化学工业出版社，2019.

［3］陈家庆. 环保设备原理与设计［M］. 3 版. 北京：中国石化出版社，2019.

［4］国家环境保护总局科技标准司. 污废水处理设施运行管理（试用）［M］. 北京：北京出版社，2006.

［5］北京水环境技术与设备研究中心，北京市环境保护科学研究院，国家城市环境污染控制工程技术研究中心. 三废处理工程技术手册：废水卷［M］. 北京：化学工业出版社，2000.

［6］丁成，杨百忍，金建祥. 污废水治理设施运营与管理［M］. 北京：化学工业出版社，2016.

［7］吴向阳，李潜，赵如金. 水污染控制工程及设备［M］. 北京：中国环境出版社，2015.

［8］上海市政工程设计研究总院（集团）有限公司. 给水排水设计手册：第 9 册专用机械［M］. 3 版. 北京：中国建筑工业出版社，2012.

［9］周迟骏. 环境工程设备设计手册［M］. 北京：化学工业出版社，2009.

［10］李亚峰，晋文学. 城市污水处理厂运行管理［M］. 2 版. 北京：化学工业出版社，2010.

［11］张自杰. 排水工程（下册）［M］. 5 版. 北京：中国建筑工业出版社，2015.

［12］高廷耀，顾国维，周琪. 水污染控制工程（下册）［M］. 4 版. 北京：高等教育出版社，2015.

［13］周敬宣，段金明. 环保设备及应用［M］. 2 版. 北京：化学工业出版社，2014.

［14］刘转年，范荣桂. 环保设备基础［M］. 徐州：中国矿业大学出版社，2013.

［15］张洪，李永峰，李巧燕. 环境工程设备［M］. 哈尔滨：哈尔滨工业大学出版社，2016.

［16］李永峰，李巧燕，宋玉珍. 环保设备基础［M］. 北京：化学工业出版社，2017.

［17］王爱民，张云新. 环保设备及应用［M］. 2 版. 北京：化学工业出版社，2011.

［18］马放，田禹，王树涛. 环境工程设备与应用［M］. 北京：高等教育出版社，2011.

［19］周兴求. 环保设备设计手册：大气污染控制设备［M］. 北京：化学工业出版社，2004.

［20］中国环保机械行业协会组织编写. 环保机械产品手册. 北京：化学工业出版

社,2003.

[21] 李明俊,孙鸿燕. 环保机械与设备[M]. 北京:中国环境科学出版社,2005.

[22] 潘涛,李安峰,杜兵. 废水污染控制技术手册[M]. 北京:化学工业出版社,2013.

[23] 唐受印,戴友芝,等. 水处理工程师手册[M]. 北京:化学工业出版社,2000.

[24] 郑俊,吴浩汀. 曝气生物滤池工艺的理论与工程应用[M]. 北京:化学工业出版社,2005.

[25] 贺延龄. 废水的厌氧生物处理[M]. 北京:中国轻工业出版社,1998.

[26] 金兆丰. 环境工程设备[M]. 北京:化学工业出版社,2007.

[27] 金兆丰. 环保设备设计基础[M]. 北京:化学工业出版社,2005.

[28] 张大群. 污水处理机械设备设计与应用[M]. 北京:化学工业出版社,2003.

[29] 江晶. 环保机械设备设计[M]. 北京:冶金工业出版社,2009.

[30] 潘琼,李欢. 环保设备设计与应用[M]. 北京:化学工业出版社,2014.

[31] 高俊发,王社平. 污水处理厂工艺设计手册[M]. 北京:化学工业出版社,2003.

[32] 史惠祥. 实用环境工程手册:污水处理设备[M]. 北京:化学工业出版社,2002.

[33] 许保玖,龙腾锐. 当代给水与废水处理原理[M]. 2版. 北京:高等教育出版社,2000.

[34] 李军,杨秀山,彭永臻. 微生物与水处理工程[M]. 北京:化学工业出版社,2002.

[35] 张大群. 污水处理机械设备设计与应用[M]. 北京:化学工业出版社,2003.

[36] 安树林. 膜科学技术实用教程[M]. 北京:化学工业出版社,2005.